NICHTEUKLIDISCHE GEOMETRIE

VON

HEINRICH LIEBMANN

ORD. PROFESSOR AN DER UNIVERSITÄT HEIDELBERG

MIT 40 FIGUREN

DRITTE, NEUBEARBEITETE AUFLAGE

WALTER DE GRUYTER & CO.

VORMALS G. J. GÖSCHEN'SCHE VERLAGSHANDLUNG — J. GUTTENTAG, VERLAGSBUCHHANDLUNG — GEORG REIMER — KARL J. TRÜBNER — VEIT & COMP.

BERLIN W. 10 UND LEIPZIG

1923

Druck von Walter de Gruyter & Co, Berlin W. 10.

Vorwort zur dritten Auflage.

In der neuen Auflage wurde die Einstellung der beiden ersten Auflagen beibehalten und gelegentlich weiter entwickelt, also überall das elementare konstruktive Element, die ursprüngliche Quelle der nichteuklidischen Geometrie, möglichst in den Vordergrund gestellt. Verwandte Bahnen wandeln die inzwischen in England erschienenen Bücher von D. M. Y. Sommerville (1914) und H. S. Carslaw (1916).

Konstruktive Behandlung, das bedeutet keineswegs Ausschaltung der Axiomatik, vielmehr wurde der einleitende, von Hilberts grundlegenden Forschungen getragene Abschnitt auf Grund einer gütigen Mitteilung von Herrn E. Landau einer genauen Durchsicht unterzogen.

Gleichmäßige Durchbildung aller Einführungsarten und aller Auswirkungen der nichteuklidischen Geometrie zu geben, kann eine kürzere Darstellung nicht beanspruchen, und wer weiter gehen will, wird den Mathematischen Enzyklopädieartikel von M. Zacharias (Elementargeometrie und elementare nichteuklidische Geometrie in synthetischer Behandlung, 1921) sowie vor allen den ersten Band von F. Kleins gesammelten Mathematischen Abhandlungen zur Hand nehmen.

Daß an einer Stelle (bei der Besprechung der speziellen Relativitätstheorie) diesmal die Dialogform herangezogen wurde, dies geschah zur besonderen Belebung und ist wohl sicher davor, Anstoß zu erregen.

Zum Schluß möchte ich hier Herrn stud. math. Julius Schäfer meinen Dank aussprechen für die Neuzeichnung einer Reihe von Figuren, ebenso ihm und Herrn Dr. Eugen Schlechter für die Hilfe bei der Revision.

Heidelberg, im Dezember 1922.

Heinrich Liebmann.

Inhaltsverzeichnis.

Erstes Kapitel.

Das Parallelenpostulat und die Grundlagen der Geometrie.

§ 1. Das euklidische Parallelenpostulat.

1. Das Parallelenpostulat. Euklid beginnt das erste Buch seiner „Elemente“ mit 23 Erkärungen, 5 Forderungen und 9 Grundsätzen.

Die 23. Erklärung lautet: Parallel heißen gerade Linien, die in derselben Ebene liegen und, nach beiden Seiten ins Unendliche verlängert, auf keiner Seite zusammentreffen.

Wir wollen uns überlegen, ob es solche Geradenpaare gibt, und werden sehen, woran anzuknüpfen ist, um ihre Existenz zu beweisen.

Man errichte im Punkt F auf g die Senkrechte FP und durch P lege man die Senkrechte h zu PF. Wäre dann ein Schnittpunkt S_1 von g und h vorhanden, so könnte man das Dreieck S_1FP an FP spiegeln, wobei, weil bei F und P rechte Winkel sind, die gespiegelten S_1F und S_1P auf g und h zu liegen kämen. Es entstünde ein zweites Dreieck S_2FP und S_2 wäre ein zweiter Schnittpunkt von g und h. Zwei Gerade sollen aber höchstens einen Punkt gemein haben, also dürfen die g und h mit dem gemeinsamen Lot FP keinen Punkt gemein haben.

Hier ist noch stillschweigend vorausgesetzt, daß S_1 und S_2 nicht zusammenfallen, daß also die Gerade, der FP angehört, die Ebene in zwei getrennte Teile zerlegt und jeder Punkt der Ebene immer nur einem der beiden Teile angehören kann. Dieses Axiom fehlt bei Euklid. Es hätte ausgesprochen werden müssen — denn es gibt Flächen, für die diese Forderung nicht gilt, z. B. das Möbiussche Blatt, das so entsteht: Man schneide ein schmales Rechteck $ABCD$ aus und hefte dann die Schmalseite AB mit CD zusammen, aber nicht A mit D und B mit C, wobei ein Streifen entstünde, der auf einen Zylinder gelegt werden kann, sondern verdreht, A mit C, B mit D. Dieses Blatt wird jetzt durch einen geschlossenen Schnitt, die gerade Verbindungsstrecke der Mitten von AB und CD nicht in zwei getrennte Teile zerlegt.

Dieses Gegenbeispiel zeigt uns, daß der an sich überhaupt etwas verschwommene Begriff der „zusammenhängenden Fläche“ die Trennung durch einen geschlossenen Schnitt nicht einschließt; von dieser Annahme mußte man aber oben Gebrauch machen.

Wir wollen indessen das Zugeständnis machen und weiter fragen: Gibt es durch P außerhalb g von h abgesehen noch andere Nichtschneidende?

Euklid verneint dies, und zwar nicht, wie so viele spätere Mathematiker, durch einen verunglückten Beweis, sondern in voller Klarheit in Form einer Forderung.

Fünfte Forderung. Wenn eine Gerade zwei Gerade trifft und mit ihnen auf derselben Seite innere Winkel bildet, die zusammen kleiner sind als zwei Rechte, so sollen die beiden Geraden, ins Unendliche verlängert, schließlich auf der Seite zusammentreffen, auf der die Winkel liegen, die zusammen kleiner sind als zwei Rechte.

Es ist bekannt, daß Euklid sich der Sonderstellung des Parallelenpostulates durchaus bewußt war, sonst hätte er den Satz vom Außenwinkel (der Außenwinkel im Dreieck ist größer als jeder der beiden nicht anliegenden Innenwinkel) auf die Eigenschaft des euklidischen Dreiecks gestützt, daß die Winkelsumme zwei Rechte (π) beträgt. „Halte bei den Beweisen das fünfte Postulat möglichst lange zurück“, das war sein Grundsatz — und damit arbeitete er der „absoluten“ Geometrie vor.

2. Die Bedeutung der Axiomatik. Euklids Absicht war, wie das Beispiel zeigt, mit den vorausgeschickten Erklärungen, Forderungen und Grundsätzen alle Elemente zu geben, auf Grund deren die Beweise rein logisch aufgebaut werden sollen; das ist indessen nicht vollständig geglückt, wie wir schon wissen.

Ohne bei Einzelheiten zu verweilen [1]), wollen wir hier drei Gesichtspunkte hervorheben.

I. Kritik an Euklid. Euklid hat die logische Vollständigkeit der Grundlagen durchaus nicht erreicht. Er verwendet bei seinen Beweisen stillschweigend weitere, nicht mit aufgezählte Annahmen — mochte er sie für an sich selbstverständlich halten oder, was wahrscheinlicher ist, übersehen haben.

II. Was soll die Axiomatik? Erklärungen und Axiome, die vorausgeschickt werden, haben eine doppelte Aufgabe zu erfüllen. Eine didaktische: Im Leser sollen diejenigen Vorstellungen entstehen, die der Verfasser damit verbindet. Sehr mangelhaft in diesem Sinn ist z. B.

[1]) Vgl. Enriques-Thieme, Fragen der Elementargeometrie I (Leipzig 1911), S. 24 ff.

Euklids Erklärung: Ein Punkt ist, was keine Teile hat. Eine logische: Die Begriffe sind so scharf zu fassen, daß sie als Elemente von Beweisen dienen können. Demnach dürfen keine Widersprüche zwischen ihnen bestehen, auch ist Vollständigkeit zu verlangen. Dasselbe gilt für die Axiome, welche Beziehungen zwischen den Grundvorstellungen festlegen. Sie sollen aber auch „möglichst" unabhängig voneinander sein, indessen bleibt immer eine Willkür in ihrem Aufbau, und die Unabhängigkeit scheitert schon daran, daß spätere Axiome mit Vorstellungen arbeiten müssen, die aus früheren Axiomen zusammengewachsen sind, z. B. braucht man den Begriff „Dreieck" für das Kongruenzaxiom III, 6 (§ 3).

III. Ausfallgeometrien. Um die Unabhängigkeit eines oder mehrerer Axiome von den andern zu beweisen, konstruiert man „Ausfallgeometrien", d. h. Geometrien, bei denen eine Gruppe von Axiomen grundsätzlich ausgeschaltet wird. Ob sie dann noch anschaulichen Charakter besitzen, ist eine heikle Frage, deren Antwort von der Anpassungsfähigkeit des einzelnen abhängt. Jedenfalls muß er der nichteuklidischen Geometrie im engeren Sinn durchaus zugesprochen werden, wenn es gestattet ist, sich auf Mathematiker wie Gauß, J. Bolyai und N. J. Lobatschefskij zu berufen, die sich ja auch ganz ernsthaft die Frage vorgelegt haben: Gibt es nicht Gründe, unserm Erfahrungsraume als Gerüst lieber die nichteuklidische Geometrie unterzulegen?

Andere Ausfallsgeometrien haben sozusagen mehr Laboratoriumscharakter, ihre Schöpfer waren von logischen Gesichtspunkten geleitet, nicht von kosmischen. Diese Einstellung ist zwar „unpraktisch", aber Gewissenspflicht.

§ 2. Verknüpfung und Anordnung.

Wir geben hier nicht „das für alle Zeiten bestehende Axiomensystem" — so etwas gibt es nicht, wegen der Willkür, die immer noch bleibt, sondern das von Hilbert aufgestellte Axiomensystem [1]). Die Verbindung aller Axiome ist das Gemeinsame der Systeme, die zu demselben Ziel führen, die Aufspaltung in Elemente bleibt immer einer gewissen Willkür unterworfen. Im übrigen wolle man festhalten, daß unser Ziel eben die nichteuklidische Geometrie im engeren Sinn, die Geometrie

[1]) D. Hilbert, Grundlagen der Geometrie, 3. Aufl. Leipzig 1909. Andere Axiome z. B. bei O. Hölder, Die Axiome der Quantität und die Lehre vom Maß, Leipz. Ber. 53 (1901), S. 1—64, vgl. auch Math. Ann. 65 (1908), S. 161—260; R. L. Moore, Sets of metrical hypotheses for geometry, Amer. M. S. Trans. 9 (1908), S. 487—512. — Verschiedene Formen der Axiomatik (nach Hilbert, Hjelmslev, F. Schur u. a.) sind durchgesprochen in Pascal Timerding, Repertorium der höheren Mathematik, 2. Auflage II. 1 (Leipzig 1910).

ohne Parallelenpostulat ist, nicht die Axiomatik mit ihren vielfältigen Verästelungen.

1. Erste Gruppe. Die Axiome der Verknüpfung.

I, 1. Zwei voneinander verschiedene Punkte A, B bestimmen stets eine Gerade a.

I, 2. Irgend zwei voneinander verschiedene Punkte einer Geraden bestimmen diese Gerade.

I, 3. Auf einer Geraden gibt es stets wenigstens zwei Punkte, in einer Ebene gibt es stets wenigstens drei nicht auf einer Geraden gelegene Punkte.

Auf diese ebenen Axiome folgen die räumlichen.

I, 4. Drei nicht auf ein und derselben Geraden liegende Punkte A, B, C bestimmen stets eine Ebene α.

I, 5. Irgend drei Punkte einer Ebene, die nicht auf einer Geraden liegen, bestimmen die Ebene α.

I, 6. Wenn zwei Punkte A, B einer Geraden a in einer Ebene α liegen, so liegt jeder Punkt von a in der Ebene α.

I, 7. Wenn zwei Ebenen α, β einen Punkt A gemein haben, so haben sie wenigstens noch einen weiteren Punkt B gemein.

I, 8. Es gibt wenigstens vier nicht in einer Ebene gelegene Punkte.

2. Zweite Gruppe. Die Axiome der Anordnung. Sie enthält drei lineare und ein ebenes Axiom.

II, 1. Wenn A, B, C Punkte einer Geraden sind, und B liegt zwischen A und C, so liegt B auch zwischen C und A.

II, 2. Wenn A und C zwei Punkte einer Geraden sind, so gibt es stets wenigstens einen Punkt B, der zwischen A und C liegt, und wenigstens einen Punkt D, so daß C zwischen A und D liegt.

II, 3. Unter irgend drei Punkten einer Geraden gibt es stets einen und nur einen, der zwischen den beiden andern liegt.

II, 4 (Axiom von M. Pasch). Es seien A, B, C drei nicht in gerader Linie gelegene Punkte und a eine Gerade in der Ebene ABC, die keinen der Punkte A, B, C trifft: wenn dann die Gerade a durch einen Punkt der Strecke AB geht, so geht sie gewiß auch durch einen Punkt der Strecke BC oder durch einen Punkt der Strecke AC.

Man bemerkt, daß in II, 4 der durch die vorausgehenden Axiome erst geschaffene Begriff „Strecke" — Punkte auf der durch A und B bestimmten Geraden, die „zwischen" A und B liegen — unentbehrlich ist.

Ferner kann jetzt die Zerlegung der Ebene in zwei getrennte Teile durch eine Gerade bewiesen werden. Es sei A ein nicht auf a gelegener Punkt, dann zerfallen die a nicht angehörigen Punkte der Ebene in zwei Klassen, die Klasse P (die Strecken AP haben mit a keinen Punkt gemein) und die Klasse Q (die Strecken AQ haben einen Punkt mit a gemein). Auf Grund von II, 4 trifft a dann PQ. Es ist zu zeigen, daß dies für jedes weitere solche Punktepaar $P'Q'$ gilt, während PP' und QQ' von a nicht getroffen werden. Zwei Seiten des Dreiecks APP', nämlich AP, AP', werden von a nicht getroffen, also kann auch die dritte PP' nicht getroffen werden. Dasselbe gilt für QQ'. Im Dreieck PQQ' wird PQ nach Voraussetzung von a getroffen, QQ' aber nicht, also PQ', im Dreieck $PQ'P'$ die Strecke PQ', aber PP' nicht, also $P'Q'$.

Damit ist bewiesen: Jede Gerade (a) scheidet die Ebene in zwei Klassen von Punkten P, Q. Die Verbindungsstrecke zweier P oder zweier Q wird von a nicht getroffen, dagegen jede Strecke PQ.

3. Die Punktmenge einer Strecke[1]). Die bisher aufgezählten Axiome gestatten es, einige Sätze zu beweisen, aus denen folgt, daß eine Strecke immer unendlichviele Punkte enthält. Dazu sind einige Vorbereitungen nötig, die zeigen, daß alle geläufigen „Zwischenbeziehungen" von vier Punkten einer Geraden durch die Axiome II, 1—4 tatsächlich mitgegeben sind.

Hilfssatz 1: Sind $ABCD$ vier Punkte in einer Geraden und liegt B auf AC (d. h. zwischen A und C) und C auf AD, dann liegt C auf BD.

Zum Beweis verbindet man E (außerhalb a) mit C durch eine Gerade c und nimmt F auf BE an, verbindet F mit A und D. Nach II, 4 liegt dann kein Punkt von c auf AF, also muß, weil C auf AD liegt, DF von c geschnitten werden. Endlich wird, wieder nach II, 4, BD von c geschnitten, d. h. C liegt auf BD.

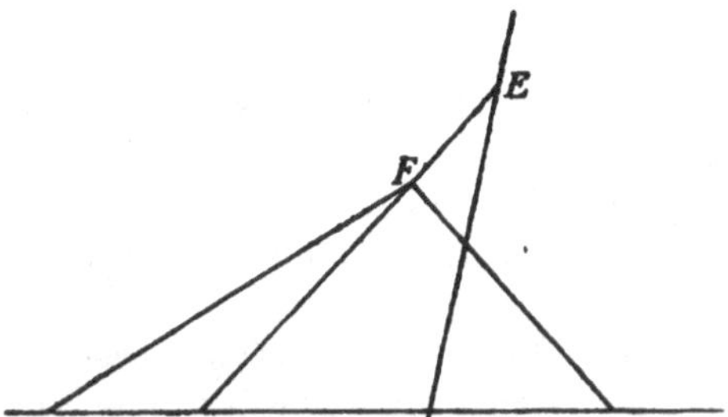

Fig. 1.

Hilfssatz 2: Sind $ABCD$ vier Punkte einer Geraden und liegt B auf AC sowie C auf AD, so liegt B auf AD.

Der Beweis wird ganz entsprechend geführt; man hat hier einen äußeren Punkt E mit B durch eine Gerade b zu verbinden und F auf EC mit A und D. Dann zeigt wiederholte Anwendung von II, 4, daß B auf AD liegt.

Hilfssatz 3: Vier Punkte einer Geraden können immer so bezeichnet werden, daß B auf AC und AD, C auf AD und BD liegt. (Erweiterung von II, 3.)

---

1) Entnommen aus G. Halsted, Géometrie rationelle (Paris 1911), (Übersetzung des englischen Originals), S. 268 ff.

Beweis: Es ist in den beiden ersten Hilfssätzen bewiesen:

Voraussetzung: B auf AC
C auf AD

Folgerung: C auf BD, B auf AD.

Jetzt schreibe man zunächst BCD in der Folge von links nach rechts an. Für A sind zu B und D folgende drei Lagen möglich: links von B, rechts von D und auf BD. Im ersten Fall kann man H. 1 und H. 2 anwenden, im zweiten auch, wenn man die Bezeichnungen B und D vertauscht.

Wenn A auf BD liegt, so liegt es auf BC oder CD, der erste Fall führt durch den Bezeichnungswechsel $(BACD) \to (DCBA)$, der zweite durch den Bezeichnungswechsel $(BAD) \to (DBA)$ auf die vorigen zurück.

Der Leser wird guttun, sich eine Figur mit vier Pfeilen

$$A \to B \leftarrow C, \quad A \to C \leftarrow D$$

zu zeichnen und darf dann noch

$$B \to C \leftarrow D, \quad A \to B \leftarrow D$$

eintragen, im ganzen acht Pfeile.

Hilfssatz 4: Es seien $ABCD$ vier Punkte einer Geraden. Wenn B auf AC, C auf AD liegt, dann liegt B auf AD, aber nicht auf CD.

Nach dem dritten Hilfssatz liegen immer zwei Punkte ganz „außen", das müssen hier A und D sein und es bleiben nur die beiden gleichberechtigten Fälle

$$ABCD \quad DCBA \text{ —}$$

Jetzt kann bewiesen werden: J e d e S t r e c k e AB h a t u n e n d l i c h v i e l e i n n e r e P u n k t e. Es sei C auf AB gelegen, C' auf AC, C'' auf AC' usw. Das sind immer neue innere Punkte, denn C' liegt nicht auf CB, C'' nicht auf $C'B$, kann also mit dem auf $C'B$ gelegenen C nicht zusammenfallen.

Man kann also beständig neue Punkte einfügen, deren Einordnung zu allen vorher angegebenen dann auch bestimmt ist [1]).

Hervorzuheben ist noch, daß beim Beweis das Axiom II, 4 nur in einem beschränkten Teil der Ebene benutzt wird, nicht für die Gesamtebene.

---

[1]) Ein schönes Beispiel für die Notwendigkeit dieser Beweise verdanke ich Herrn E. L a n d a u. Man betrachte die fünf Ecken eines regulären Fünfecks $ABCDE$ und definiere dann „zwischen" so: Von je drei Ecken heißt eine „zwischen" den beiden andern, wenn sie Spitze eines gleichschenkligen Dreiecks ist, dessen Grundlinie die beiden anderen verbindet. Dann ist B zwischen A und C usw., aber auch D „zwischen" A und B, C „zwischen" A und E usw., II, 1—3 gelten. Dagegen gelten die Hilfssätze nicht mehr, die eben ohne II, 4 unbeweisbar sind. Wir haben dann auch nur fünf Punkte, nicht unendlich viele!

§ 3. Kongruenz und Messung.

1. Dritte Gruppe. Axiome der Kongruenz. Die drei ersten Axiome beziehen sich auf Strecken, das vierte und fünfte auf Winkel, das sechste auf Dreiecke. Es gestattet, alle Kongruenzsätze zu beweisen.

III, 1. Wenn A, B zwei Punkte einer Geraden a sind und ferner A' ein Punkt auf derselben oder einer andern Geraden a', so kann man auf einer gegebenen Seite der Geraden a' von A' aus stets einen und nur einen Punkt B' finden, so daß die Strecke AB der Strecke $A'B'$ kongruent oder gleich ist, in Zeichen

$$AB \equiv A'B'.$$

Jede Strecke ist sich selbst kongruent, d. h. es ist stets

$$AB \equiv AB \text{ und } AB \equiv BA.$$

III, 2. Wenn eine Strecke AB sowohl der Strecke $A'B'$ wie der Strecke $A''B''$ kongruent ist, so ist auch $A'B'$ der Strecke $A''B''$ kongruent, d. h. wenn

$$AB \equiv A'B' \text{ und } AB \equiv A''B'',$$

dann ist auch

$$A'B' \equiv A''B''.$$

III, 3. Es seien AB und BC zwei Strecken ohne gemeinsame Punkte auf der Geraden a und ferner $A'B'$ und $B'C'$ zwei Strecken auf derselben oder einer andern Geraden a' ebenfalls ohne gemeinsame Punkte; wenn dann

$$AB \equiv A'B' \text{ und } BC \equiv B'C'$$

ist, so ist auch stets

$$AC \equiv A'C'. —$$

Ein Winkel ist durch zwei Halbstrahlen h und k definiert, seine Schenkel, deren Schnittpunkt der Scheitel heißt. Es folgen jetzt zwei Axiome für Winkel, die III, 1 und III, 2 entsprechen.

III, 4. Es sei ein Winkel $\sphericalangle (h, k)$ in der Ebene α und eine Gerade a' in einer Ebene α', sowie eine bestimmte Seite von a' auf α' gegeben. Es bedeute h' einen Halbstrahl der Geraden a', der vom Punkte O' ausgeht: dann gibt es in der Ebene α' einen und nur einen Halbstrahl k', so daß der Winkel $\sphericalangle (h, k)$ kongruent oder gleich dem Winkel $\sphericalangle (h', k')$ ist und zugleich alle inneren Punkte des Winkels $\sphericalangle (h', k')$ auf der gegebenen Seite von a' liegen, in Zeichen

$$\sphericalangle (h, k) \equiv \sphericalangle (h', k').$$

Jeder Winkel ist sich selbst kongruent, d. h. es ist stets

$$\sphericalangle (h, k) \equiv \sphericalangle (h, k) \text{ und } \sphericalangle (h, k) \equiv \sphericalangle (k, h).$$

III, 5. Wenn ein Winkel $\sphericalangle (h, k)$ sowohl dem Winkel $\sphericalangle (h', k')$ als auch dem Winkel $\sphericalangle (h'', k'')$ kongruent ist, so ist auch der Winkel $\sphericalangle (h', k')$ dem Winkel $\sphericalangle (h'', k'')$ kongruent, d. h. wenn

$$\sphericalangle (h, k) \equiv \sphericalangle (h', k') \text{ und } \sphericalangle (h, k) \equiv \sphericalangle (h'', k'')$$

ist, so ist auch stets

$$\sphericalangle (h', k') \equiv \sphericalangle (h'', k'').$$

III, 6. Wenn für zwei Dreiecke ABC und $A'B'C'$ die Kongruenzen

$$AB \equiv A'B', \; AC \equiv A'C', \; \sphericalangle BAC \equiv \sphericalangle B'A'C'$$

gelten, so sind auch stets die Kongruenzen

$$\sphericalangle ABC \equiv \sphericalangle A'B'C' \text{ und } \sphericalangle ACB \equiv \sphericalangle A'C'B'$$

erfüllt.

Das ist also ein Teil des ersten Kongruenzsatzes [1]). Mit der Kongruenz zweier Seiten $a\,b$ und des eingeschlossenen Winkels γ wird die Kongruenz der Winkel α und β axiomatisch gefordert, die Kongruenz der dritten Seite in beiden Dreiecken kann dann leicht bewiesen werden, ebenso der zweite und dritte Kongruenzsatz, die Kongruenz aller rechten Winkel usw.

Ferner ist noch zu betonen, daß bei der axiomatischen Fassung

$$\sphericalangle (h, k) \equiv \sphericalangle (k, h)$$

schon Fürsorge dafür getroffen ist, daß mit den Kongruenzsätzen die „Symmetriekongruenzsätze" einbegriffen sind, sobald nur bei III, 6 der Umlaufssinn nicht berücksichtigt wird [2]).

2. Die übrigen Axiome. Sodann folgt das — in den nichteuklidischen Geometrien zu unterdrückende — euklidische Parallelenpostulat in der Fassung

IV (Euklidisches Axiom). Es sei a eine beliebige Gerade und A ein Punkt außerhalb a: dann gibt es in der durch a und A bestimmten Ebene α nur eine Gerade b, die durch A läuft und a nicht schneidet; dieselbe heißt die Parallele durch A zu a.

Zum Messen ist dann noch erforderlich:

V, 1 (Axiom des Messens oder Archimedisches Postulat). Es sei A_1 ein beliebiger Punkt auf einer Geraden zwischen den beliebig gegebenen Punkten A und B; man konstruiere dann die Punkte $A_2, A_3, A_4, \ldots$, so daß A_1 zwischen A und A_2, ferner A_2 zwischen A_1 und A_3, ferner A_3 zwischen A_2 und A_4 usw. liegt und überdies die Strecken

$$AA_1, \; A_1A_2, \; A_2A_3, \; A_3A_4$$

1) Vgl. Rosenthal, Math. Ann. 71 (1912), S. 257—74. Der Verfasser vereinfacht die Kongruenzaxiome noch.

2) Hilbert, Grundlagen, Anhang II untersucht die Symmetriesätze nochmals als Folgerungen (nicht Axiome).

einander gleich sind; dann gibt es in der Reihe der Punkte $A_2, A_3, A_4, \ldots$ stets einen Punkt A_n, daß B zwischen A und A_n liegt.

Bei Hilbert folgt dann noch das sehr gedrängte Axiom

V, 2. Die Elemente (Punkte, Geraden, Ebenen) bilden ein System von Dingen, welches bei Aufrechterhaltung sämtlicher Axiome keiner Erweiterung mehr fähig ist.

Hieraus kann z. B. der folgende sehr wichtige Satz bewiesen werden — wir wollen ihn hier als „Axiom VI" anführen[1]):

VI (Axiom des Kreises). Jede Gerade, von der ein Punkt im Innern des Kreises liegt, trifft den Kreis in zwei Punkten.

§ 4. Die Winkelsumme im Dreieck.

1. Einschränkung der Winkelsumme. Die Winkelsumme im Dreieck kann höchstens zwei Rechte (π) betragen (wenn I, 1 und II, 4 bestehen).

Es sei im Dreieck ABC

$$\alpha \leqq \beta \leqq \gamma.$$

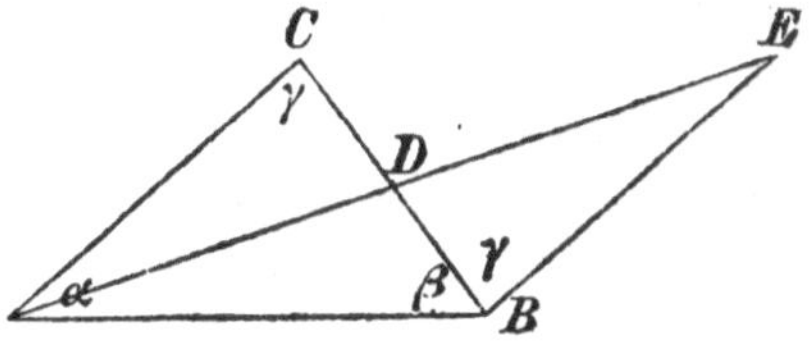

Fig. 2.

D sei die Mitte von BC und DE gleich AD. Die Dreiecke ADC und BDE sind dann kongruent, also haben die Dreiecke ABC und ABE dieselbe Winkelsumme. Die Summe der beiden größten Winkel des neuen Dreiecks (der größte bei B ist gleich $\beta + \gamma$) ist dann mindestens gleich

$$\beta + \gamma + \frac{\alpha}{2} = \beta + \gamma + \alpha - \frac{\alpha}{2},$$

der kleinste höchstens gleich $\frac{\alpha}{2}$. So kann man fortfahren und erhält ein Dreieck, bei dem die Summe der beiden größten Winkel mindestens gleich

$$\alpha + \beta + \gamma - \frac{\alpha}{4}$$

ist. Beim n-ten Dreieck wird dann, wenn β_n und γ_n die beiden größten Winkel sind,

$$\beta_n + \gamma_n \geqq \alpha + \beta + \gamma - \frac{\alpha}{2^n}.$$

Hätte nun das erste Dreieck einen Exzeß ε, wäre also

$$\alpha + \beta + \gamma = \pi + \varepsilon,$$

so könnte man auf Grund des archimedischen Axioms n so groß wählen, daß

$$2^n \varepsilon > \alpha$$

[1]) Vgl. Enriques-Thieme a. a. O. p 141.

oder
$$2^n \varepsilon = a + \delta$$
wäre, und es käme
$$\beta_n + \gamma_n \geqq \pi + \varepsilon - \varepsilon + \frac{\delta}{2^n} > \pi,$$
es entstünde also ein Dreieck, in dem die Summe zweier Winkel größer wäre als zwei Rechte. Kann es solche Dreiecke geben? Die Figur zeigt, daß die Summe zweier Winkel (β und γ) stets kleiner als π ist — vorausgesetzt, daß E auf derselben Seite der Grundlinie liegt wie C, also unter der Voraussetzung II, 4, oder daß AB und AD nicht zwei Schnittpunkte gemein haben; dann könnten CD einerseits und E anderseits auf verschiedenen Seiten der Grundlinie liegen. In der sphärischen Geometrie, wo I, 1 verletzt wird, weil je zwei Hauptkreise der Kugel zwei Punkte gemein haben, und in der von ihr nur „makroskopisch" verschiedenen elliptischen Geometrie (Kap. V) ist in der Tat die Winkelsumme stets größer als π.

2. Die Bindung der Winkelsumme. Unabhängig vom archimedischen Postulat ist der wichtige Saccherische Satz: Je nachdem in einem einzigen Dreieck die Winkelsumme
$$W < \pi, \; W = \pi, \; W > \pi,$$
gilt dies für alle.

Der Satz läßt sich auf einen Satz über die Bindung der Winkelsumme im Viereck mit drei rechten Winkeln zurückführen. Diese Zurückführung wird geleistet durch folgenden, später (§ 12, 1 und § 25, 3) auch für die Inhaltsbestimmung wichtigen Satz, der unabhängig von IV gilt:

Die Mittelsenkrechte einer Dreiecksseite BC steht auf der Verbindungslinie der Mitten E und F der beiden andern Seiten senkrecht.

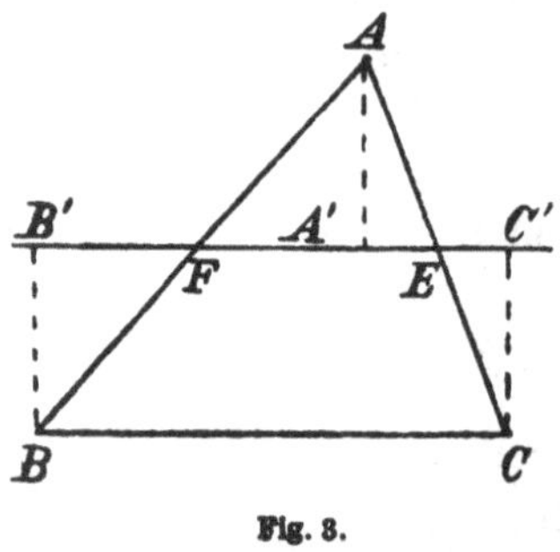

Fig. 3.

Zum Beweis fällt man die Lote AA', BB' und CC' auf die Gerade EF und erkennt die Kongruenz der Paare rechtwinkliger Dreiecke (Fig. 3)
$$\Delta\, AA'F \cong \Delta\, BB'F,$$
$$\Delta\, AA'E \cong \Delta\, CC'E$$
sofort. Verbindet man dann noch die Mitten D von BC und D' von $B'C'$, so gilt für die entstehenden Vierecke
$$BB' = CC', \; B'D' = C'D', \; BD = CD, \; DD' = DD'$$
und
$$\sphericalangle\, BB'D' = \sphericalangle\, CC'D' = \frac{\pi}{2}.$$

Die Vierecke sind daher symmetrisch-kongruent, daher

$$\sphericalangle BDD' = \sphericalangle CDD' = \frac{\pi}{2},$$

$$\sphericalangle B'D'D = \sphericalangle C'D'D = \frac{\pi}{2},$$

also steht die Verbindungslinie der Mitten D und D' von BC und $B'C'$ auf diesen beiden Geraden senkrecht.

Außerdem aber ergibt sich noch

$$\sphericalangle B'BC = \sphericalangle C'CB = \frac{\alpha + \beta + \gamma}{2}.$$

Und nun sehen wir: Je nachdem im Viereck mit drei rechten Winkeln der vierte Winkel spitz, $\pi/2$ oder stumpf ist, hat das Dreieck ABC eine Winkelsumme

$$W \gtreqless \pi.$$

Demnach genügt es, den Bindungssatz für solche Vierecke zu beweisen.

Wir zeigen hier, daß in allen Vierecken $A'B'C'D'$ mit rechten Winkeln bei $A'B'C'$ auch der vierte Winkel ein rechter ist, sobald dies für ein einziges gilt. Bei dem Beweis ist in Erinnerung zu bringen, daß jedes „gleichschenklige" Viereck mit zwei rechten Winkeln, d. h. jedes Viereck $LMNP$ mit

$$LM = NP,$$

$$\sphericalangle LMN = \sphericalangle MNP = \frac{\pi}{2}$$

noch in L und P gleiche Winkel besitzt:

$$\sphericalangle PLM = \sphericalangle LPN.$$

Wir gehen jetzt von dem Rechteck $ABCD$ aus, fällen das Lot UV und spiegeln es sowohl an AB wie an CD. Es ist dann

$$U'V' = UV = U''V'',$$

$$\sphericalangle U'V'V = \sphericalangle UVV' = \frac{\pi}{2},$$

$$\sphericalangle U''V''V = \sphericalangle UVV'' = \frac{\pi}{2},$$

daher im Viereck $U'V'V''U''$

$$\sphericalangle V'U'U'' = \sphericalangle V''U''U'.$$

Es ist aber auch

$$\sphericalangle UU'V' = \sphericalangle U'UV = \sphericalangle UU''V''.$$

Im Viereck $U'V'V''U''$ sind also die Winkel bei U' und U'' einerseits gleich, anderseits ist der Winkel bei U'' dem Nebenwinkel des Winkels bei U' gleich, d. h.

$$\sphericalangle U'U''V'' = \pi - \sphericalangle UU'V' = \pi - \sphericalangle UU''V'',$$

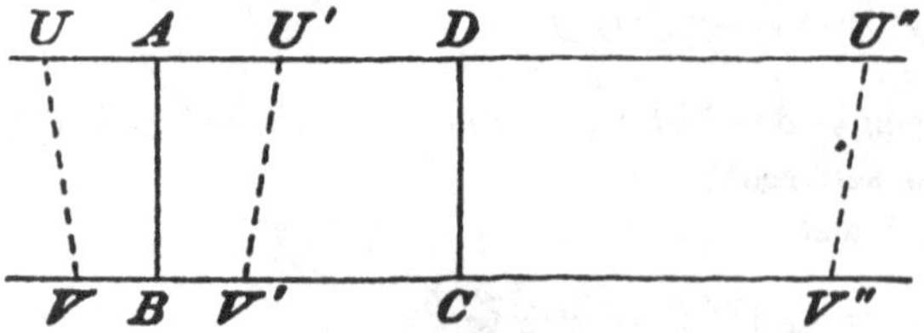

Fig. 4.

also ist

$$\sphericalangle U'U''V'' = \frac{\pi}{2}$$

und daher auch

$$\sphericalangle U''UV = \frac{\pi}{2}.$$

Damit ist bewiesen, daß das von einem beliebigen Punkt U der Viereckseite AD (bzw. ihrer Verlängerung) auf die Gegenseite gefällte Lot auch die erste Seite senkrecht trifft; diese Lote UV sind dann auch alle gleich lang.

Kurz gesagt: Ein einziges Rechteck erzeugt zwei Scharen von Rechtecken, deren Eckpunkte auf den verlängerten Seiten BC und AD oder AB und CD liegen.

Wenn jetzt $A'B'C'D'$ bei $A'B'$ und C' rechte Winkel besitzt, so legen wir B' auf B, A' auf AB, C' auf BC. AD möge dann $C'D'$ in E, CD die Seite $A'D'$ in F schneiden. Es sind dann $CC'ED$ und $ADFA'$ ebenfalls Rechtecke, also ist auch $DED'F$ ein Rechteck, d. h.

$$\sphericalangle C'D'A' = \frac{\pi}{2}.$$

Wenn also in einem Viereck die „Hypothese des rechten Winkels" gilt, dann gilt sie für alle.

Ausdrücklich ist indessen noch zu betonen, daß aus

$$\alpha + \beta + \gamma = \pi$$

das Parallelenpostulat nur mit Hilfe des archimedischen bewiesen werden kann [1]).

§ 5. Zur Geschichte des Parallelenpostulates.

1. Ersatzannahmen. Es bleibt jedermann unbenommen, das etwas schwerfällige euklidische Parallelenpostulat in andere Fassung zu bringen, doch darf dabei nicht vergessen werden, daß damit nur ein Postulat an Stelle eines andern getreten ist. Außerdem besteht dann die Pflicht, noch die Axiomgruppen aufzuweisen, mit deren Hilfe die Äquivalenz bewiesen wird; z. B. ist soeben darauf hingewiesen worden, daß

$$\alpha + \beta + \gamma = \pi$$

[1]) M. Dehn, Die Legendreschen Sätze und die Winkelsumme im Dreieck. Math. Ann. 53 (1900), S. 405—439.

nur vermöge des archimedischen Postulates auf das Parallelenpostulat führt.

Solche Ersatzannahmen sind z. B. noch

der Grundsatz von Wallis (1693):

Zu jeder beliebigen Figur gibt es stets eine andere ihr ähnliche von beliebiger Größe;

oder (Lorenz 1791):

Von einem beliebigen im Innern eines Winkels ($<\pi$) angenommenen Punkt kann man immer eine Gerade ziehen, die beide Schenkel des Winkels trifft,

und vieles andere. Zumeist werden aber diese Ersatzannahmen „bewiesen"; Wallis bildet eine der wenigen ehrenwerten Ausnahmen.

2. Ein Beweisversuch N. J. Lobatschefskijs[1]. N. J. Lobatschefskij kämpfte lange Zeit um das Parallelenpostulat. Wir teilen hier das Bruchstück eines „Beweises" aus seiner vorkritischen Zeit mit, wie er es in der Vorlesung seinen Hörern entwickelte.

Er sagt: Es sei (Fig. 5) $AC \perp BA$, $CD \perp AC$, $ED \perp DC$, $FE \perp ED$, dann muß EF verlängert entweder AB oder AC schneiden. Die Folgerungen hieraus sind richtig gezogen, aber der Satz selber ist eben nur mit Hilfe des Postulates IV beweisbar.

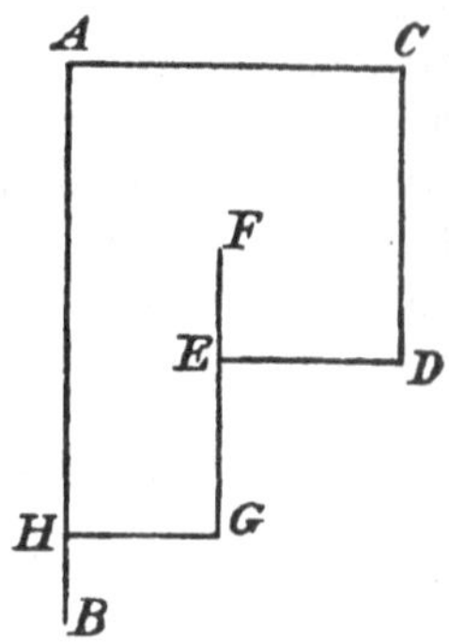

Fig. 5.

Er verlängert FE und fällt das Lot GH. Dann wird nach seiner Ansicht EF vom Polygon $ACDEGH$ „eingeschlossen", woran sich die weiteren Folgerungen schließen.

Wie stützt sich diese Annahme? Sie steht und fällt damit, daß die Verlängerung von DE die Gerade AB schneidet, das ist aber eine neue Annahme, die erst zu beweisen wäre und tatsächlich auf das Postulat hinauskommt.

[Bedienen wir uns für den Augenblick der im zweiten Kapitel nach Lobatschefskij (§ 7, Nr. 3) gewählten Bezeichnung Π (Parallelwinkel) und bezeichnen die Strecken AC und CD mit p und q, so ist ein solcher Schnittpunkt nur vorhanden, wenn

$$\Pi(p) + \Pi(q) > \frac{\pi}{2}.$$

Da aber $\Pi(p)$ mit von 0 bis ∞ wachsendem p seinerseits von $\frac{\pi}{2}$ bis 0 abnimmt, so kann der Fall eintreten, daß der erforderliche Schnittpunkt

[1] Nach einer Mitteilung von F. Engel.

nicht existiert. Oder aber Π ist konstant, und dann liegt eben die euklidische Geometrie $\Pi = \frac{\pi}{2}$ vor!]

3. Thibauts Beweisversuch. Während Gauß längst die „antieuklidische" Geometrie besaß, trug sein Kollege Thibaut in Göttingen einen sehr einschmeichelnden Beweis des Parallelenpostulates vor, der sich auch lange Zeit in den elementaren Lehrbüchern hielt und, wie mir bekannt ist, noch im zwanzigsten Jahrhundert an einer höheren Bildungsanstalt mit Eifer vertreten wurde.

Thibaut schließt so: Legt man ein Lineal an die Seite AB des Dreiecks ABC und klappt es der Reihe nach um die Ecken BCA, so kommt es mit der ursprünglichen Lage zur Deckung, hat sich einmal herumgedreht (2π). Diesen Drehwinkel kann man aus den drei Umklappungen $\pi - \beta$, $\pi - \gamma$, $\pi - \alpha$ zusammensetzen, also

$$2\pi = 3\pi - \alpha - \beta - \gamma,$$

daher

$$\alpha + \beta + \gamma = \pi.$$

Wo steckt der Fehler? Zur Belehrung darf wohl noch aus einer Diskussion über diesen Beweis mitgeteilt werden, wie ein Einwand abgelehnt wurde. Der Einwand war: Auf genau dieselbe Art kann doch bewiesen werden, daß die Summe der Kantenwinkel im Dreikant zwei Rechte betragen muß, während sie größer als π ist. Man klappe eine Ebene um die drei Kanten usw. Die Antwort war: Es ist doch ein ganz anderer Fall, ob ich eine Ebene um die Kanten eines Dreikants oder um die Kanten des auf der Ebene ABC senkrechten Prismas drehe.

§ 6. Euklidische und absolute Geometrie.

Um in diesem einleitenden Kapitel bereits zu zeigen, daß es Sätze gibt, denen man nicht sofort ihre Ableitbarkeit aus Kongruenzsätzen und damit ihren „absoluten" Charakter ansieht, möge ein wichtiges Beispiel besprochen und verwendet werden.

1. Der Hjelmslevsche Mittelliniensatz[1]). Der Ort der Mittelpunkte der Verbindungsstrecken zugeordneter kongruenter Punktreihen ist eine Gerade oder ein Punkt.

Beweis: Es sei auf g und g_1

$$AB = A_1B_1,$$
$$BC = B_1C_1,$$

dann genügt es, die Mittelpunkte MNP der Strecken AA_1, BB_1 und CC_1

---

[1]) Math. Ann. 64 (1907), S. 449. Vgl. F. Schur, Grundlagen der Geometrie, Leipzig 1909, S. 147.

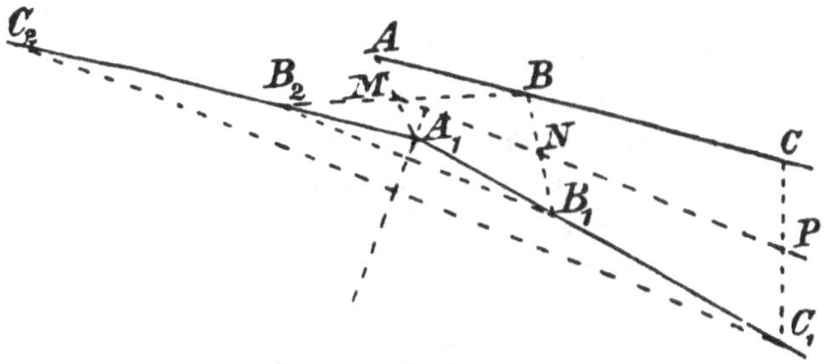

Fig. 6.

zu betrachten. Man verdopple BM und erhält B_2. Dann steht nach § 4, Nr. 2 die Winkelhalbierende des Winkels $B_2A_1B_1$, die ja zugleich Mittelsenkrechte von B_1B_2 ist, auf der Mittellinie MN des Dreiecks BB_2B_1 senkrecht. Wiederholt man die Konstruktion für den Punkt C ($A_1C_2 = AC$), so ergibt sich, daß die Winkelhalbierende auch auf MP senkrecht steht. Also liegen MNP auf einer Geraden, wenn sie nicht, wie die Punktreihen ABC .. $A_1B_2C_2$ .. zeigen, durch einen Punkt gehen. Hiermit ist dann auch ein Teil des in der euklidischen Geometrie so leicht zu beweisenden Satzes, daß die Transversalen von den Ecken des Dreiecks nach den Mitten der Gegenseiten durch einen Punkt gehen, „absolut" bewiesen.

Wir zeigen zunächst, daß im Viereck $ABCD$ unter der Voraussetzung $AB = CD$ die Verbindungslinien der Mittelpunkte der Paare von Gegenseiten — wir wollen die Mittelpunkte durch (AB) usw. bezeichnen — und der Diagonalen durch einen Punkt gehen. In der Tat zeigt zweimalige Anwendung des Mittelliniensatzes, daß die Verbindungsstrecken (AD) (CB) und (AC) (DB) einander halbieren, ebenso die Verbindungsstrecken (AD) (BC) und (AB) (DC), also gehen diese drei Geraden durch einen Punkt, ihren gemeinsamen Mittelpunkt.

Wenn dann im Dreieck ABC die Transversalen BE und CF von zwei Ecken nach den Mitten der Gegenseiten einander zufällig so treffen, daß AM gleich BC ist, so kann man den Vierecksatz auf $ABMC$ anwenden: Die Verbindungslinien der Mitten von MC und AB, von MB und AC sind eben die beiden Transversalen CF und BE, ihr Schnittpunkt M, und da nach Voraussetzung $AM = BC$, so geht die Verbindungslinie der Mitte von AM und BC ebenfalls durch M, d. h. AM ist die dritte Transversale.

2. Übertragung auf den Raum. Zuerst stellen wir fest, daß der Mittelliniensatz auch im Raume gilt. Zum Beweis benutzt man, wenn die Geraden g und g_1 windschief sind, die durch AA_1 und N gelegte Ebene und die Risse (Projektionen) $B'C'B_1'C_1'$ auf diese Ebene. Für die Risse g' und g_1' ist dann MN die Mittellinie, außerdem ist CC' gleich C_1C_1', wor-

aus folgt, daß die Mittelpunkte von CC_1 und $C'C_1'$ zusammenfallen, also liegt die Mitte von CC_1 auf der Geraden MN.

Also haben auch im Raum zwei kongruente gerade Punktreihen eine „Mittelachse". Man erhält sie, indem man irgend zwei Paare AA_1 und BB_1 herausgreift und die Strecken halbiert (M und N). Die Ebenen ANA_1 und BMB_1 schneiden einander in der Mittelachse.

Der Viereckssatz überträgt sich dann auf ein Tetraeder $ABCG$, wenn die Gegenkanten AB und CG einander gleich sind.

Bezeichnet man die Mitten so:

$$F\ (AB),\ F'\ (CG),$$
$$E\ (AC),\ E'\ (BG),$$
$$D\ (BC),\ D'\ (AG),$$

so zeigt, genau wie in der Ebene, zweimalige Anwendung des Mittelliniensatzes, daß FF', EE', DD' durch einen Punkt gehen, ihren gemeinsamen Mittelpunkt.

3. Der allgemeine Transversalensatz. Wenn ein Dreieck ABC vorliegt, so lege man durch C eine Gerade in den Raum und mache CG gleich c. Jetzt kann der Tetraedersatz angewendet werden. Die drei Ebenen BGE, AGD und CGF enthalten dann sowohl den Punkt G als auch den gemeinsamen Mittelpunkt der drei Strecken DD', EE', FF', haben also nach I, 6 eine Gerade gemein. Die Spur dieser Geraden auf der Ebene ABC ist der Schnittpunkt der drei Transversalen des Dreiecks ABC, die von den Ecken nach den Mitten der Gegenseiten gehen.

Somit ist die Existenz dieses gemeinsamen Schnittpunktes „absolut" erwiesen, ohne Gebrauch des Parallelenpostulates. Ein elementarer Beweis, d. h. hier ein Beweis ohne Heranziehung des Raumes, scheint noch nicht erbracht worden zu sein.

Man sieht an diesem Beispiel indessen in aller Deutlichkeit, daß manche Sätze absolut gelten, die auf den ersten Anblick mit dem Parallelenpostulat auf Sein oder Nichtsein verknüpft scheinen. Das gilt, wie wir sehen werden, auch für andere Schnittpunktsätze (§ 9).

Zweites Kapitel.

Hyperbolische Elementargeometrie.

§ 7. Die Parallelen.

1. Einführung nach J. Bolyai und D. Hilbert. In der euklidischen Ebene gibt es durch einen Punkt P, der nicht auf der Geraden g liegt, nur eine g nicht schneidende Gerade, und diese wird die Parallele genannt. Nimmt man dagegen an, daß die Winkelsumme im Dreieck

kleiner ist als zwei Rechte, so führt eine sehr einfache Stetigkeitsbetrachtung auf eine neue Fassung der Vorstellung „parallel".

Es sei $PF = p$ das Lot von P auf die Gerade g. Man verbindet dann P mit einem g durchlaufenden Punkt Q. Wenn jetzt Q auf g sich ins Unendliche entfernt, so wird der Halbstrahl PQ sich dabei zwei verschiedenen Grenzlagen nähern je nach dem Sinn der Bewegung, und die Halbstrahlen in der Grenzlage werden zum Lot PF symmetrisch liegen. Wir wollen sie die beiden (hyperbolischen) Parallelen (zu g durch P) oder auch (mit Hilbert) die Verbindungslinien von P mit den Enden von g nennen.

Man kann diese Überlegung vertiefen: Da die Winkelsumme im Dreieck weniger als zwei Rechte betragen soll, so wird es (§ 1, 1) durch P Halbstrahlen geben, die g nicht schneiden und auf PF nicht senkrecht stehen, vielmehr mit PF einen spitzen Winkel einschließen. Zu jedem solchen nach rechts verlaufenden Halbstrahl gibt es dann einen durch Spiegelung an PF entstehenden, nach links verlaufenden, und alle von P ausgehenden, zwischen zwei solchen nach rechts gehenden Nichtschneidenden können dann nach dem Axiom von Pasch (II, 4) ebenfalls unmöglich g schneiden. Man wird so zur Vorstellung eines Winkelraums geführt, innerhalb dessen lauter g nichtschneidende Gerade verlaufen. Genau so wie in der euklidischen Geometrie, wenn man einen Punkt P außerhalb eines Kreises betrachtet und die beiden Tangenten als Scheidelinien zwischen Sekanten und Nichtsekanten erhält, wird man auch hier die Existenz von zwei Scheidelinien des Winkelraums der Nichtschneidenden fordern. Dies geschieht durch das

Postulat von Hilbert[1]): Ist g eine beliebige Gerade und P ein nicht auf ihr gelegener Punkt, so gibt es stets durch P zwei (zum Lot PF symmetrisch gelegene) Halbgerade g_1, g_2, die nicht ein und dieselbe Gerade ausmachen und g nicht schneiden, während jede in dem durch g_1, g_2 gebildeten Winkelraum gelegene, von P ausgehende Halbgerade g schneidet.

g_1 mit der rückwärtigen Verlängerung von g_2 und der Scheitelwinkel hierzu geben dann den Winkelraum der g nicht schneidenden Geraden.

2. Grundeigenschaften der hyperbolischen Parallelen. Der Name „parallel" ist angebracht, weil beim Übergang zur euklidischen Geometrie aus unsern beiden hyperbolischen Parallelen die eine euklidische wird, auf die dann auch der Winkelraum der Nichtschneidenden einschrumpft. Dazu kommt, daß drei charakteristische Eigenschaften auch hier, in der hyperbolischen Geometrie, sich nachweisen lassen.

---

[1]) Hilbert, Grundlagen S. 160. Vgl. I. Bolyai, Appendix scientiam spatii absolute veram exhibens § 1 (Stäckel II, S. 188).

1) Die Übertragung, d. h.: Ist der Halbstrahl g_1 zum Halbstrahl g parallel und P_1 ein beliebiger Punkt von g_1, so gehört der zu g parallele Halbstrahl durch P_1 g an.

2) Die Gegenseitigkeit (Reziprozität): Ist g_1 zu g parallel, so ist auch g zu g_1 parallel.

3) Die Fortpflanzung (Transitivität): Ist g zu g_1 parallel und g_1 zu g_2, so ist auch g_2 zu g parallel.

In der hyperbolischen Geometrie handelt es sich immer um Halbstrahlen, das muß dabei festgehalten werden, oder um „Parallelismus nach derselben Seite", nach einem Ende hin, wie Hilbert sagt.

Die erste Eigenschaft ergibt sich leicht durch indirekten Beweis; man käme in Widerspruch zu dem Axiom von Pasch, wenn sie nicht bestände.

Um sodann die Reziprozität zu beweisen, fällt man von P auf g_1 aus das Lot PF und auch das Lot PH auf h, endlich FP_1 auf g_1. Dann

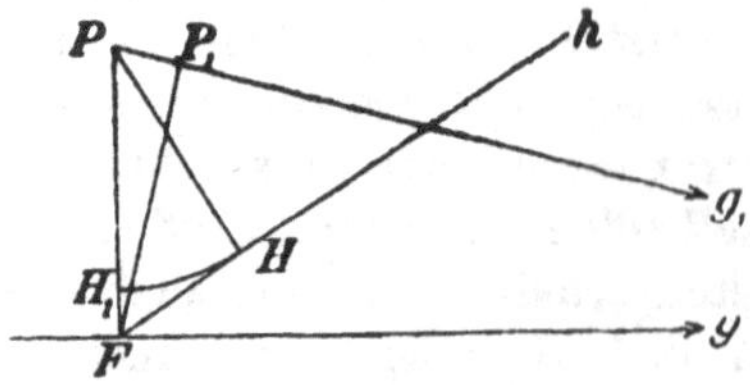

Fig. 7.

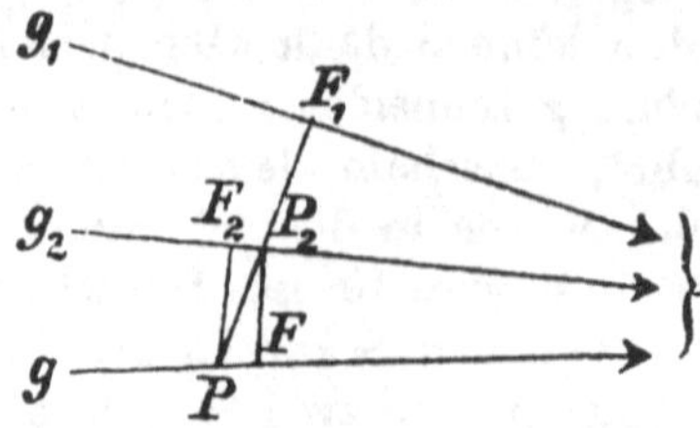

Fig. 8.

ist $PH < PF$, so daß, wenn man PH in die Lage PH_1 dreht, das mit gedrehte h von g_1 geschnitten werden muß. Man erkennt dies sofort, wenn man sich noch durch P die Parallele zu h_1, dem gedrehten h, gezogen denkt und wieder das Axiom von Pasch anwendet. Dreht man dann zurück, so folgt, daß a fortiori h und g_1 einander schneiden. Das gilt für jeden von F in den Winkelraum P_1Fg eintretenden Halbstrahl, also ist g die Scheide zwischen den g_1 schneidenden und den g_1 nichtschneidenden Halbstrahlen, also parallel zu g_1.

Die dritte Eigenschaft ist evident, wenn g_1 zwischen g und g_2 liegt. Liegt g_1 außerhalb (Fig. 8), so fälle man die Lote PF_1, PF_2 und P_2F. Jede von P_2 ausgehende, im Winkelraum FP_2g_2 gelegene Halbgerade muß dann, da sie g_1 nicht treffen kann, g schneiden, womit wieder der Parallelismus von g und g_2 erwiesen ist.

3. Qualitative Eigenschaften des Parallelwinkels. Mit Lobatschefskij[1]) wollen wir den spitzen Winkel, den das von P auf

[1]) N J. Lobatschefskij, Neue Anfangsgründe der Geometrie mit einer vollständigen Theorie der Parallellinien § 93 (Engel, S. 167).

g_1 aus nach g gefällte Lot $p = PF$ mit g_1 einschließt, als den zum Lote p gehörigen Parallelwinkel $\Pi(p)$ bezeichnen. In der euklidischen Geometrie ist $\Pi(p)$ beständig gleich $\frac{\pi}{2}$, in der hyperbolischen nur

$$\Pi(0) = \frac{\pi}{2}.$$

Im übrigen ist leicht einzusehen, daß der spitze Winkel $\Pi(p)$ durch p eindeutig bestimmt ist und daß $\Pi(p_1) > \Pi(p_2)$, wenn $p_2 > p_1$ ist. Das folgt aus der Transitivität. Errichten wir nämlich in F auf g die Senkrechte und tragen auf ihr $FP_1 = p_1$ und $FP_2 = p_2$ ab, ziehen ferner durch P_1 P_2 die Parallelen g_1 und g_2 zu g, so sind g_1 und g_2 zueinander parallel. Wäre nun $\Pi(p_2) = \Pi(p_1)$, so könnte man durch Kongruenzsätze nachweisen, daß die von der Mitte der Strecke P_1P_2 auf g_1 und g_2 gefällten Lote den Winkel π einschließen. Daraus würde folgen, daß g_1 und g_2 ein gemeinsames Lot besitzen, also nicht parallel wären. Noch weniger kann $\Pi(p_2) > \Pi(p_1)$ sein. Also muß $\Pi(p)$ mit wachsendem p abnehmen.

Wir werden später zu gegebenem $\Pi(p)$ die Strecke p konstruieren (§ 10, 2) und damit beweisen, daß zu jedem noch so kleinen $\Pi(p)$ ein p gehört. $\Pi(p)$ nimmt, wie diese Konstruktion zeigen wird, mit unbeschränkt wachsendem p unbeschränkt nach Null ab.

Nachdem die Abhängigkeit erkannt ist, wollen wir gleich noch einige Bezeichnungen festlegen. Lot und Parallelwinkel sollen durch lateinische und griechische Buchstaben bezeichnet werden, also

$$\alpha = \Pi(a), \ \lambda = \Pi(l)$$

usw., und die Abhängigkeit des Lotes vom Parallelwinkel soll durch Δ angedeutet werden:

$$a = \Delta(\alpha), \ l = \Delta(\lambda)$$

usw. Komplementär heißen zwei Strecken a, a', wenn ihre Parallelwinkel sich zu $\frac{\pi}{2}$ ergänzen, also z. B.

$$\Pi(a') = \frac{\pi}{2} - \Pi(a), \ \Pi(l') = \frac{\pi}{2} - \Pi(l).$$

Im Sinne dieser Bezeichnung ist

$$(a')' = a, \ (l')' = l$$

usw. Endlich wird die Festsetzung getroffen:

$$\Pi(-a) = \pi - \Pi(a).$$

§ 8. Die Überparallelen und die Einteilung der Strahlenbüschel.

1. Das gemeinsame Lot (Existenz und Konstruktion). In der hyperbolischen Geometrie sind zwei Gerade, die ein gemeinsames Lot haben, nicht parallel, man könnte sie mit einem eindringlichen Wort

vielleicht „überparallel" nennen. Es soll nun gezeigt werden, daß zwei „überparallele" Gerade, d. h. zwei Gerade, die einander nicht schneiden und dabei nicht parallel sind, ein gemeinsames Lot besitzen.

Lobatschefskij hat dies durch Stetigkeitsbetrachtungen erschlossen, Hilbert eine Konstruktion angegeben. Sie erfordert als Vorbereitung einen Hilfssatz, bei dem Parallelen zu ziehen sind, die Konstruktion ist aber frei von diesem Hilfsmittel, das uns ja praktisch noch gar nicht zugänglich ist.

Es seien (Fig. 9) $g_1(AE_1)$ und $g_2(FE_2)$ zwei überparallele Gerade und $\sphericalangle AFE_2 = \frac{\pi}{2}$, $\sphericalangle FAE_1 < \frac{\pi}{2}$, dann gibt es auf g_1 Punkte A', so daß

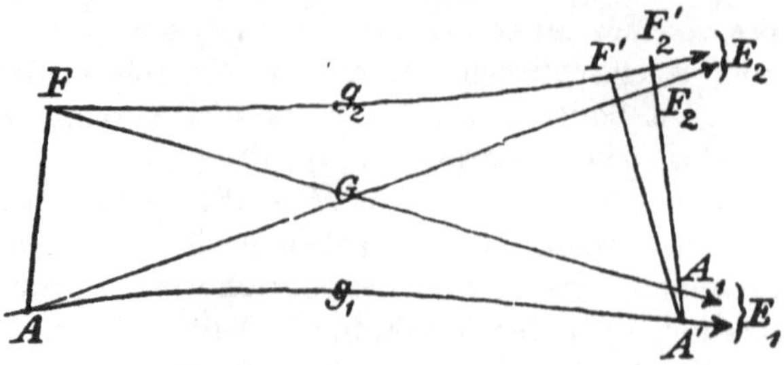

Fig. 9.

das von A' auf g_2 gefällte Lot $A'F'$ mit $A'A$ einen spitzen Winkel einschließt, also $\sphericalangle F'A'A < \frac{\pi}{2}$.

Beweis: Wir denken uns durch A und F die Parallelen AE_2 zu g_2 und FE_1 zu g_1 gezogen. G sei ihr Schnittpunkt und $GF_2 = GF$, $GA_1 = GA$. Die Gerade A_1F_2 muß dann g_2 schneiden (F_2') und $g_1(A')$. Wir denken uns noch F mit F_2 und A mit A_1 verbunden (in die Figur sind diese Linien nicht eingezeichnet). Dann ist $\sphericalangle A_1F_2F = \sphericalangle AFF_2 < \sphericalangle AFE_2$, also $< \frac{\pi}{2}$, daher $\sphericalangle A_1F_2F$ (weil außerdem $\sphericalangle A_1F_2F$ als Außenwinkel des Dreiecks $F_2F_2'F > \sphericalangle A_1F_2'F$) ein spitzer Winkel.

Ebenso ist

$$\sphericalangle AA_1F_2 = \sphericalangle A_1AF < \sphericalangle E_1AF < \frac{\pi}{2}$$

und

$$\sphericalangle AA'F_2 < \sphericalangle AA_1F_2.$$

Demnach sind die Winkel $AA'F_2'$ und $A'F_2'F$ beide spitz, der Fußpunkt F' des von A' auf g_2 gefällten Lotes muß also zwischen F und F_2' liegen, daher ist auch

$$\sphericalangle F'A'A < \sphericalangle F_2A'A < \frac{\pi}{2},$$

und für die Punkte (A'') zwischen A' und E_1 wird der Winkel von AA'' mit dem auf g_2 gefällten Lot noch kleiner.

Der nächste Schritt ist, daß wir zeigen: Trägt man von A und F auf g_1 nach E_1 zu und auf g_2 nach E_2 hin gleiche Strecken ab, so gilt für den Schnittpunkt (S') der Hjelmslevschen Mittellinie mit $A'F'$: $S'F' < S'A'$; er liegt näher an F' als an A'.

Beweis: Wir bezeichnen die Strecke FF' mit f, die Strecke AA' ($> FF'$) mit a. Wählt man dann die entsprechenden Punkte Q_2 auf g_2 und Q_1 auf $g_1 (FQ_2 = AQ_1)$ so, daß Q_2Q_1 durch S' geht, d. h. in S' gehälftet wird, so liegt Q_2 rechts von F' und Q_1 links von A'. Der Vergleich der beiden Scheiteldreiecke $S'Q_2F'$ und $S'Q_1A'$, von denen das eine bei F' einen rechten, das andere bei A' einen spitzen Winkel hat, zeigt, daß $F'S'$ kleiner als $S'A'$ ist, die Mittellinie, die von der Mitte der Strecke FA ausgeht, trifft also $F'A'$ oberhalb der Mitte M', die Punktfolge ist: $F'S'M'A'$.

Trägt man dann von F' und A' auf g_2 und g_1 nach links gleiche Strecken ab und konstruiert wieder die Mittellinie, so ergibt sich auf FA die Punktfolge $FSMA$. Demnach schneiden die Mittellinien MS' und $M'S$ einander in einem Punkt M_0. Durch Anwendung von Kongruenzsätzen weist man dann leicht nach, daß jede durch M_0 gehende Gerade, die g_1 und g_2 schneidet (Schnittpunkte $P_1 P_2$) in M_0 gehälftet wird ($P_1 M_0 = M_0 P_2$) und mit g_1 und g_2 gleiche Wechselwinkel einschließt. Insbesondere ist M_0 der Mittelpunkt des gemeinsamen Lotes der beiden Überparallelen: wenn man von M_0 auf die beiden Geraden Lote M_0L_1 und M_0L_2 fällt, so ist M_0L_1 gleich M_0L_2 und $L_1M_0L_2$ ein gerader Linienzug, nicht geknickt.

Für den Existenzbeweis wurden zwei Lote AF und $A'F'$ gebraucht, wobei noch erforderlich war

$$\sphericalangle FAA' < \frac{\pi}{2}, \sphericalangle F'A'A < \frac{\pi}{2}.$$

Die Hjelmslevschen Mittellinien gehen dann durch M_0, wie bewiesen wurde. Für die Konstruktion genügen zwei beliebige Lote, eben weil die Mittellinien immer durch M_0 gehen.

Ja es sind nicht einmal Lote erforderlich! Nimmt man zwei beliebige Punkte Q_1 und Q_2 auf g_1 und g_2 und ist $Q_1L_1 = q_1$, $Q_2L_2 = q_2$ und etwa $q_1 > q_2$, was immer angenommen werden kann, so gibt es auf g_1 einen Punkt X_1 und auf g_2 einen Punkt X_2, wobei $X_1L_1 = L_2X_2$ ist. Die Mitte der Strecke X_1X_2 ist dann M_0. Demnach ergibt sich die Konstruktion:

Man nehme auf g_1 und g_2 je einen Punkt P_1 und P_2 beliebig an und trage von P_1 bzw. von P_2 an gleiche Strecken ab, $P_1P_1' = P_2P_2'$, $P_1'P_1'' = P_2'P_2''$ usw. Die Mittellinie, d. h. der Ort der Mittelpunkte der Strecken P_1P_2, $P_1'P_2'$.. geht durch den Mittelpunkt M_0 des gemeinsamen Lotes L_1L_2 der beiden

Überparallelen. M_0 wird als Schnittpunkt zweier Mittellinien gefunden.

2. Lineare Strahlenbüschel. Fundamentalaufgaben. In der euklidischen Geometrie gibt es zwei Arten linearer Strahlenbüschel, die Gesamtheit aller Geraden durch einen Punkt und die Parallelbüschel. Gemeinsame und wesentliche Eigenschaften sind:

Zwei nicht zusammenfallende Gerade bestimmen eindeutig einen Büschel von Strahlen.

Die Geraden eines Büschels gehen durch Spiegelung an jeder Geraden des Büschels ineinander über.

Sodann die hyperbolische Geometrie:

Zwei Gerade haben entweder einen eigentlichen Punkt, sagen wir einen Feldpunkt (P) gemein; oder sie haben ein Ende (E) gemein, wofür man auch Randpunkt sagen könnte; oder endlich sie stehen auf einer Geraden senkrecht, wofür wir sagen wollen: sie haben einen idealen Punkt „Überpunkt“ gemein (J). Demgemäß sind drei Arten von Strahlenbüscheln zu unterscheiden:

1. die Geraden durch einen Feldpunkt P;
2. die Geraden durch einen Randpunkt E, sie sind alle zueinander parallel in demselben Sinn;
3. die Geraden durch einen Überpunkt J, sie stehen alle auf einer Geraden i senkrecht.

Der Aufgabe, zwei gegebene Punkte durch eine Gerade zu verbinden, d. h. die Gerade zu bestimmen, die zwei gegebenen Büscheln angehört, ordnen sich also die sechs folgenden unter: Verbindungslinie P_1P_2, P_1E_2, P_1J_2, E_1E_2, E_1J_2, J_1J_2.

Von diesen Aufgaben sind die erste und die dritte (Lot von P_1 auf die Gerade i_2) trivial, die sechste haben wir soeben gelöst (Bestimmung des gemeinsamen Lotes zweier Überparallelen). Die Existenz der Lösung der zweiten Aufgabe folgt aus dem Hilbertschen Parallelenpostulat; die Konstruktion erfordert, daß man zu dem von P_1 auf eine der Parallelen gefällten Lot p_1 den Parallelwinkel $\Pi(p_1)$ angibt.

Bei der vierten Aufgabe sind die Enden E_1E_2 durch zwei Halbgerade g_1 und g_2 gegeben; man kann auch annehmen, daß sie einander schneiden, andernfalls nämlich zieht man erst durch P_1 auf g_1 die Parallele zu g_2. Dann halbiert man den Winkel $E_1P_1E_2$ und sucht auf der Halbierungslinie einen Punkt F_1 so zu bestimmen, daß die auf P_1F_1 in F_1 senkrecht stehende Gerade durch E_1 geht, sie geht dann von selbst durch E_2. Wir sind damit auf die Aufgabe geführt: zum Parallelwinkel $\alpha = \sphericalangle E_1P_1F_1 = \sphericalangle E_2P_1F_1$ das Lot $\Delta(\alpha)$ zu konstruieren.

Die fünfte Aufgabe verlangt eine Gerade zu bestimmen, die auf i_2 senkrecht steht und zu einem gegebenen Halbstrahl g_1 parallel ist.

Zieht man zunächst durch einen beliebigen Punkt P_2 von i_2 die Parallele zu g_1, so bleibt hier nur noch die zweite Fundamentalaufgabe zu lösen, um auf i_2 den Schnittpunkt der gesuchten Geraden zu bestimmen.

Um also die sechs Fundamentalaufgaben zu lösen, braucht man nur die Grundaufgaben:

$\Pi(p)$ bei gegebenem p zu konstruieren,
p bei gegebenem $\Pi(p)$ zu konstruieren.

§ 9. Schnittpunktsätze der Dreiecksgeometrie.

Wie schon früher erwähnt (§ 6, 3) und für die Mitteltransversalen bereits ausgeführt wurde, gelten eine Reihe von Schnittpunktsätzen „absolut", d. h. unabhängig vom Parallelenpostulat. In der hyperbolischen Geometrie hat man — vom schwierigen Transversalensatz abgesehen — die Auffassung dahin zu erweitern, daß statt eigentlicher Punkte (Feldpunkte) auch Randpunkte (E) und Überpunkte (J) auftreten können. Auch darf man statt eigentlicher Ecken E-Punkte und J-Punkte nehmen. Ein Dreieck mit drei Überpunkten als Ecken ist dann so viel wie ein Sechseck mit lauter rechten Winkeln usw.

Wir gehen zur Behandlung der wichtigsten Fälle über und beschränken uns zumeist auf eigentliche Dreiecke.

1. Die Mittelsenkrechten der Seiten. Genau wie in der euklidischen Geometrie läßt sich zeigen, daß, wenn zwei der drei Mittelsenkrechten durch einen Feldpunkt gehen, auch die dritte ihn enthält.

Haben dagegen die Mittelsenkrechten DD' und EE' von $a = BC$ und $b = CA$ einen Überpunkt gemein, besitzen sie also ein gemeinsames Lot $D'E'$, so fälle man auf die Gerade (i), der dieses Lot angehört, noch die Lote AA', BB' und CC'. Durch Anwendung von Kongruenzsätzen folgt dann sofort $AA' = CC'$ und $BB' = CC'$, also $AA' = BB'$ und $\sphericalangle BAA' = \sphericalangle ABB'$. Verbindet man dann die Mitte F von AB mit der Mitte F' von $A'B'$, so entstehen zwei kongruente Vierecke $FBB'F'$ und $FAA'F'$, woraus folgt, daß FF' auf a und i senkrecht steht, d. h. FF' ist Mittelsenkrechte von a und hat mit den beiden andern Mittelsenkrechten einen „Überpunkt" gemein.

Der Fall, daß die Mittelsenkrechten von a und b einen Randpunkt gemein haben, erledigt sich durch indirekten Beweis. Zunächst ist klar, daß die Mittelsenkrechte der dritten Seite c mit keiner der beiden ersten einen Feldpunkt oder einen Überpunkt gemein haben kann; das würde auf die erledigten Fälle zurückführen. Es bleiben also nur zwei Möglichkeiten: entweder sind die drei Mittelsenkrechten $g_1 g_2 g_3$ die Seiten eines „Randpunktdreiecks", oder sie gehen alle drei durch denselben Randpunkt. Die erste ist ausgeschlossen, denn die drei Seiten eines Randpunktdreiecks können niemals von einer Geraden in drei Feldpunkten geschnitten werden, höchstens in zwei, während doch in jedem Dreieck die größte Seite außer von der eigenen noch von den beiden anderen Mittelsenkrechten geschnitten wird. — Wenn also zwei der drei Mittelsenkrechten einen Randpunkt gemein haben, dann enthält auch die dritte diesen Randpunkt.

2. Die Winkelhalbierenden. Im eigentlichen Dreieck ist der Schnittpunkt der drei Halbierungslinien der Innenwinkel ein im Innern gelegener Punkt, selbstverständlich Feldpunkt, zugleich Mittelpunkt des einbeschriebenen Kreises. Für uneigentliche Dreiecke muß man die Vorstellung „Winkelhalbierende" entsprechend verallgemeinern. Man kann sie allgemein so definieren: gegeben zwei Gerade g_1, g_2, die einen Randpunkt E oder einen Überpunkt J gemein haben. Dann gibt es durch E (J) immer eine und nur eine Gerade, zu der g_1 und g_2 symmetrisch liegen. Diese Gerade wird Halbierungslinie des „Winkels" g_1, g_2 genannt.

Ein Fall soll jetzt durchgeführt werden, der des Dreiecks mit zwei eigentlichen Ecken A, B und einem „Randpunkt" C als Ecke. Die Halbierungslinien der Innenwinkel α und β müssen dann einander schneiden in einem Punkt M, der von AC und BC denselben Abstand hat, und die Halbierungslinie des Winkels der von M auf AC und BC gefällten Lote ist Spiegel (Symmetrielinie) für AC und BC, geht also durch C.

Wir betrachten jetzt die Halbierungslinien eines Innenwinkels und zweier Außenwinkel eines eigentlichen Dreiecks ABC. Auf den Fall, daß zwei von den drei Halbierungslinien einen Feldpunkt gemein haben, brauchen wir wieder nicht einzugehen, er erledigt sich wie in der euklidischen Geometrie.

Gehen aber die Halbierungslinien der Außenwinkel bei A und B durch einen Überpunkt, haben sie also eine gemeinsame Senkrechte (i), von der sie in A' und B' getroffen werden, so haben auch, weil $\sphericalangle A'AB$ und $\sphericalangle B'BA$ beide spitz sind, die Seite AB und die Gerade $A'B'$ eine gemeinsame Senkrechte FF'. Durch Spiegelung an AA' und BB' erkennt man, daß die Verlängerungen von CA und CB mit (i) gemeinsame Lote $EE' = DD' = FF'$ haben. Das Fünfeck $D'DCEE'$ ist dann eine symmetrische Figur, deren Symmetrielinie auf $D'E'(i)$ senkrecht steht und den Winkel γ halbiert, also haben die drei Winkelhalbierenden den Überpunkt J gemein.

Da ferner die einem Innenwinkel gegenüberliegende Seite von dessen Halbierungslinie und selbstverständlich von den Halbierungslinien der beiden ihr anliegenden Außenwinkel getroffen wird, so folgt durch die in Nr. 1 bereits angestellte indirekte Beweisführung auch, daß, wenn von den drei Halbierungslinien der Winkel α, $\pi - \beta$, $\pi - \gamma$ zwei einen Randpunkt gemein haben, die dritte diesen Randpunkt ebenfalls enthält.

Demnach gilt ohne Einschränkung der Satz: Die Halbierungslinien zweier Außenwinkel und des dritten Innenwinkels eines eigentlichen Dreiecks gehen durch einen Punkt.

3. Die Höhen. Es gibt zwei Beweise in der euklidischen Geometrie für die Existenz des Höhenschnittpunkts. Beim ersten zieht man durch die Ecken die Parallelen zu den Gegenseiten, die Mittelsenkrechten der Seiten des neuen Dreiecks sind dann die Höhen des ersten, also gehen die Höhen durch einen Punkt. Beim zweiten Beweis führt man den Satz zurück auf den Satz vom Schnittpunkt dreier Winkelhalbierenden. Der zweite Beweis ist übertragbar. Zur Übung soll er hier durchgeführt werden für die Höhen eines Dreiecks, dessen Ecken drei Feldpunkte ABC sind, der Winkel bei C soll stumpf sein. Hier kann es eintreten (Fig. 10), daß die Höhen $h_1(AD)$ und $h_2(BE)$ einen Überpunkt gemein haben, also ein gemeinsames Lot $D'E'$ besitzen, und dieser unbequeme Fall mag behandelt werden.

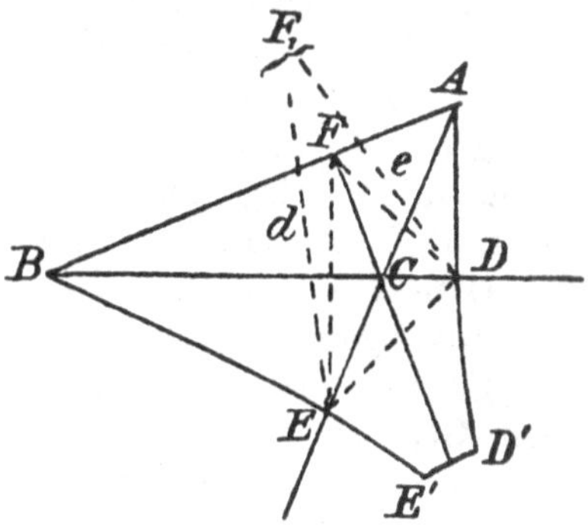

Fig. 10.

Wir spiegeln ED an a und b und erhalten so die Geraden e und d. ED und $E'D'$ haben ein gemeinsames Lot, dessen Fußpunkte zwischen den genannten Punktpaaren liegen, auch e und die Gerade $E'D'$, f und die Gerade $E'D'$ haben gemeinsame Lote, die dem zuerst erwähnten gleich sind. Ebenso hat B von ED und d, A von ED und e gleichen Abstand. Also sind A und B Mittelpunkte zweier anbeschriebenen Kreise des Dreiecks EDF_1, wobei F_1 den Schnittpunkt von d und e bedeutet, und die Halbierungslinie des (eigentlichen oder uneigentlichen) Winkels EF_1D geht durch C, den Mittelpunkt des einbeschriebenen Kreises und schneidet $E'D'$ senkrecht in einem zwischen D' und E' gelegenen Punkt F'.

Zu F_1CF' liegen d und e symmetrisch, also ist der Punkt F_1 ein Feldpunkt; denn $F'CF_1$ liegt zwischen A und B, und wenn F_1 kein Feldpunkt wäre, müßte der Abstand des Punktes A von e kleiner sein als von d, im Widerspruch zu dem Umstand, daß A von e, DE und d denselben Abstand hat. Damit ist gezeigt, daß A und B die Mittelpunkte der den Seiten F_1E und F_1D eines eigentlichen Dreiecks anbeschriebenen Kreise sind, also mit der Ecke F_1 auf einer Geraden liegen. CF_1 steht dann als Halbierungslinie des Winkels EF_1D auf AB senkrecht, d. h. F_1 fällt mit dem Fußpunkt F der Höhe h_3 des Dreiecks ABC zusammen, FCF' ist diese Höhe, oder also h_3 geht durch den Überpunkt, den h_1 und h_2 gemein haben.

4. Anwendung auf Konstruktionen. Korrespondierende Punkte auf zwei Geraden $g_1 g_2$ sind dadurch definiert, daß sie durch Spiegelung an der Halbierungslinie des Winkels der Geraden ineinander übergehen. Diese Halbierungslinie kann in allen drei Fällen, möge nun der Schnittpunkt ein Feldpunkt, Randpunkt oder Überpunkt sein, gefunden werden: man ergänzt die Figur zu einem Dreieck, indem man P_1 auf g_1 mit P_2 auf g_2 verbindet und den Mittelpunkt des einbeschriebenen Kreises als Schnitt der inneren Winkelhalbierenden bei P_1 und P_2 bestimmt. So erhält man einen Punkt der dritten inneren Winkelhalbierenden und durch Wiederholung der Konstruktion mit einem andern Punktpaar einen zweiten.

Die Konstruktion von p bei gegebenem $\Pi(p)$ läßt sich, wenn die Parallelenkonstruktion ($\Pi(p)$ zu p) als bekannt vorausgesetzt ist, mit Benützung des Höhenschnittpunkts so ausführen. Man konstruiert zunächst ein Dreieck ABC_∞ (C_∞ ist Randpunkt) aus $AB = c$ und $\sphericalangle C_\infty AB = \Pi(p)$. In diesem Dreieck fällt man von A und B die Höhen auf die Gegenseiten und kann dann die Höhe auf der Seite AB finden, weil sie durch den Höhenschnittpunkt geht. Ihr Fußpunkt hat von A die gesuchte Entfernung p.

J. Bolyai benutzte die Mittelsenkrechten der Seiten eines Dreiecks [1]), was umständlicher ist, aber den Vorzug hat, daß die Eigenschaft dieser Geraden einfacher zu beweisen ist, als der Höhensatz.

Man kann sogar die Konstruktion von $\Pi(p)$ bei gegebenem p mit den bisher entwickelten Sätzen begründen, doch das soll unterbleiben, weil die jetzt folgende Betrachtung den gemeinsamen Schlüssel zu allen Konstruktionen gibt, den Schlußstein der Elementargeometrie überhaupt.

§ 10. Die komplementären Figuren.

1. Rechtwinkliges Dreieck und Spitzeck [2]). Von den fünf Bestimmungsstücken a, b, c (Katheten und Hypotenuse), auch ersetzbar durch

$$\alpha = \Pi(a),\ \beta = \Pi(b),\ \gamma = \Pi(c),$$

und λ, μ (Winkel gegenüber a und b), auch ersetzbar durch

$$l = \Delta(\lambda),\ m = \Delta(\mu),$$

eines rechtwinkligen Dreiecks sind nur zwei unabhängig. Dasselbe gilt

---

[1]) J. Bolyai, Appendix § 35 (Stäckel a. a. O. S. 210).

[2]) Die erste vollständige Durcharbeitung dieser Beziehungen bei H. Liebmann, Elementargeometrischer Beweis der Parallelenkonstruktion, Math. Ann. 61 (1905), S. 185—199.

für das Viereck mit drei rechten und einem spitzen Winkel, das wir als Spitzeck bezeichnen wollen. Jedem rechtwinkligen Dreieck kann nun in besonderer Weise ein Spitzeck zugeordnet werden, und diese Zuordnung erweist sich als äußerst fruchtbar.

In den folgenden Figuren sind der Einfachheit halber die Bezeichnungen ABC der Ecken gegenüber a, b und c fortgelassen.

Verlängert man die Hypotenuse über A hinaus um l und errichtet die (zur Verlängerung von b über A hinaus parallele) Senkrechte, zieht dann noch durch B die Parallele (Fig. 11), so lehrt diese Konstruktion

(1) $$\mu + \Pi(c + l) = \Pi(a) = \alpha$$

und durch Vertauschung

(1') $$\lambda + \Pi(c + m) = \Pi(b) = \beta.$$

Zieht man durch A die Parallele zur Verlängerung von a über C und errichtet auf c die hierzu parallele Senkrechte, so folgt (Fig. 12)

(2) $$\lambda + \beta = \Pi(c - m).$$

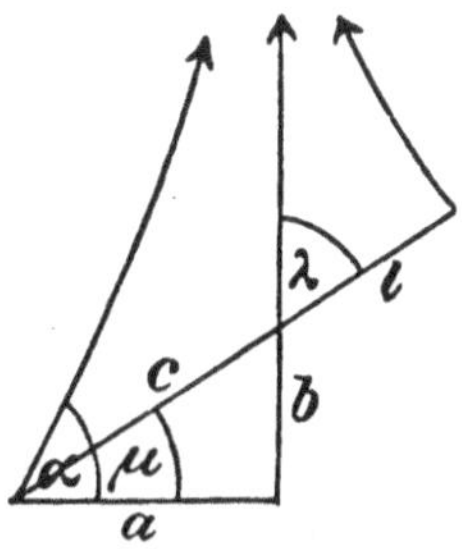

Fig. 11.

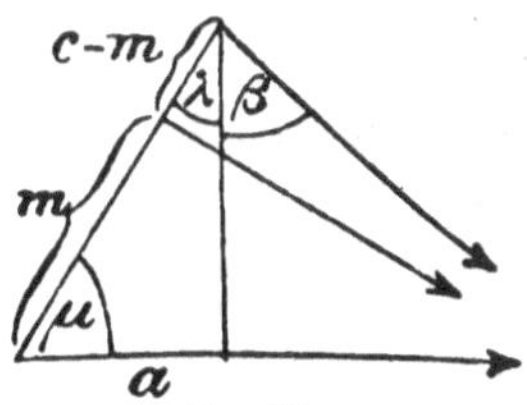

Fig. 12.

Die Figur ist nicht allgemein, es ist vorausgesetzt $c < m$. Wäre $c > m$, so hätte man

$$\pi - \lambda - \beta = \Pi(m - c),$$

würde also gemäß der in § 7, 3 getroffenen Festsetzung wieder auf (2) kommen. Zu (2) kommt noch

(2') $$\mu + \alpha = \Pi(c - l).$$

Verlängern wir endlich a über B, b über C hinaus und errichten darauf die zur Verlängerung von c jenseits B parallele Senkrechte (Fig. 13), so folgt

(3) $$\Pi(l - b) + \Pi(m + a) = \frac{\pi}{2}$$

und

(3') $$\Pi(m - a) + \Pi(l + b) = \frac{\pi}{2}.$$

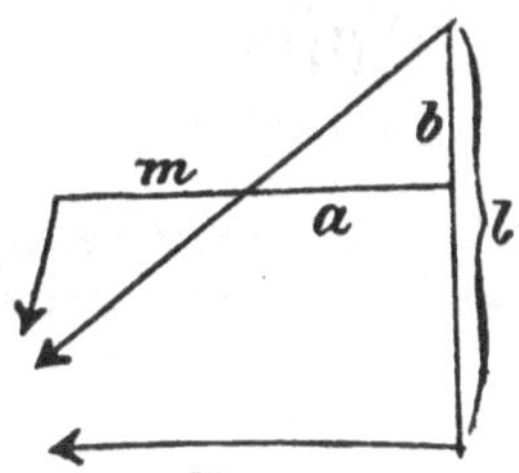

Fig. 13.

Im Spitzeck wollen wir jetzt von vornherein die Seiten und den spitzen Winkel so bezeichnen, wie dies für die weitere Entwickelung zweckmäßig ist (Fig. 14). Verlängern wir jetzt c_1 um m_1 und errichten die Senkrechte, die wegen

$$\Pi(m_1) + \Pi(m_1') = \frac{\pi}{2}$$

zur Verlängerung von a_1 parallel ist, so folgt

$$(I) \quad \lambda_1 + \Pi(c_1 + m_1) = \beta_1$$

und genau so

$$(I') \quad \gamma_1 + \Pi(l_1 + a_1') = \beta_1 .$$

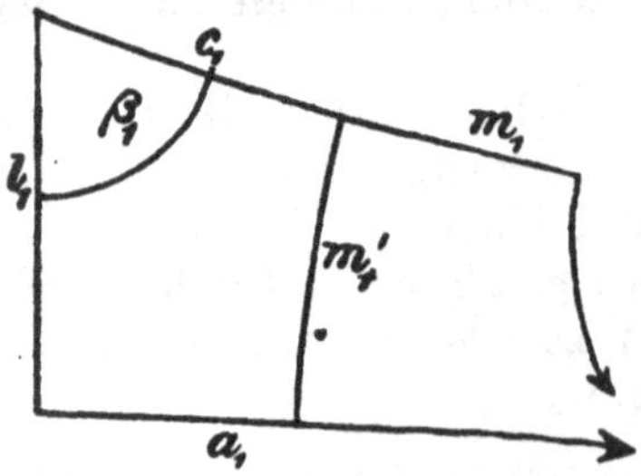

Fig. 14.

Tragen wir m_1 auf c_1 ab nach der spitzwinkligen Ecke hin, so folgt (Fig. 15)

$$(II) \quad \lambda_1 + \beta_1 = \Pi(c_1 - m_1)$$

und genau so

$$(II') \quad \gamma_1 + \beta_1 = \Pi(l_1 - a_1').$$

Tragen wir (Fig. 16) m_1 auf a_1 ab, ebenso b_1 auf der Verlängerung von l_1 und errichten die Senkrechten, so folgt

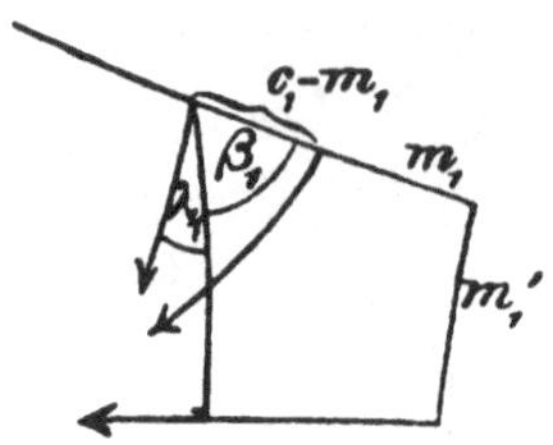

Fig. 15.

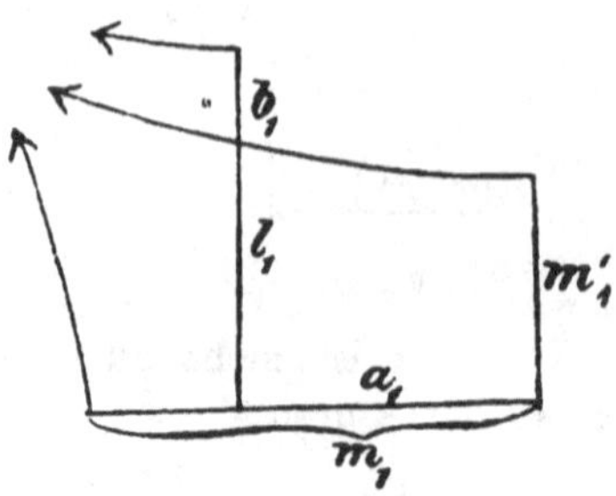

Fig. 16.

$$(III) \quad \Pi(l_1 + b_1) + \Pi(m_1 - a_1) = \frac{\pi}{2}$$

und

$$(III') \quad \Pi(c_1 + b_1) + \Pi(a_1' - m_1') = \frac{\pi}{2}$$

Das rechtwinklige Dreieck kann aus c und μ, das Spitzeck aus c_1 und m_1' konstruiert werden. Wir machen jetzt

$$c_1 = c, \; \Pi(m_1') = \frac{\pi}{2} - \mu,$$

so daß $m_1 = m$ wird.

Dann folgt aus (1′) und (2)

$$2\lambda = \Pi(c-m) - \Pi(c+m),$$
$$2\beta = \Pi(c-m) + \Pi(c+m)$$

und aus (I) und (II)

$$\lambda_1 + \beta_1 = \Pi(c_1 - m_1) = \Pi(c-m),$$
$$\lambda_1 - \beta_1 = -\Pi(c_1 + m_1) = -\Pi(c+m),$$

daher

$$\lambda_1 = \lambda, \quad \beta_1 = \beta.$$

(3′) und (III) ergeben

$$\Pi(m-a) = \frac{\pi}{2} - \Pi(l+b),$$
$$\Pi(m_1 - a_1) = \frac{\pi}{2} - \Pi(l_1 + b_1) = \frac{\pi}{2} - \Pi(l+b) = \Pi(m-a_1).$$

Es ist also $m - a_1$ gleich $m - a$, also a_1 gleich a.

Demgemäß gilt der Satz: Sind a, b, c (λ, μ) die fünf Bestimmungsstücke eines rechtwinkligen Dreiecks, dann gibt es ein Spitzeck mit den Seiten c, m', a, l, in dem die Seiten c und l den Winkel β einschließen.

2. Die Fundamentalaufgaben. Das rechtwinklige Dreieck kann in das Spitzeck gelegt werden, so daß die Kathete a auf die Spitzeckseite a und die Kathete b auf die Seite l fällt. Dann schließt die Hypotenuse mit m' den Winkel $\frac{\pi}{2} - \mu$ ein, und ihre Verlängerung ist daher zur Verlängerung der Spitzeckseite c parallel.

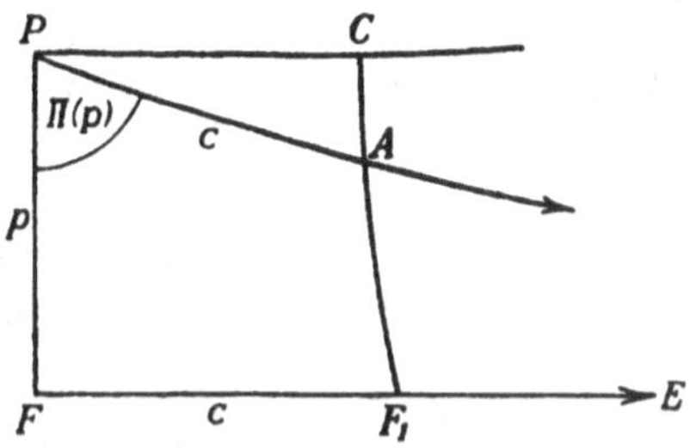

Fig. 17.

Hieraus folgt die Konstruktion: Um den Parallelwinkel $\Pi(p)$ zu p zu bestimmen, errichte man auf der Halbgeraden g (FE) in F die Senkrechte $FP = p$. Sodann trägt man auf g von F aus die beliebige Strecke c ab ($FF_1 = c$), errichtet in P auf FP die Senkrechte und fällt das Lot F_1C. Macht man dann $PA = c$, so ist $PA \rightarrow$ zu $FF_1 \rightarrow$ parallel, d. h. $\sphericalangle APF = \Pi(p)$.

Die zweite Fundamentalaufgabe ist schon oben (§ 9, 4) gelöst worden; an die Zuordnung kann jetzt eine zweite Lösung angeschlossen werden, z. B so: aus c und β konstruiert man das Spitzeck, die Seite a wird nach § 8, 1 als gemeinsames Lot zweier Geraden gefunden werden (man beachte, daß β größer als $\Pi(c)$ ist!), und somit ist das zugeordnete Dreieck bestimmt, also auch dessen zweite Kathete

$$b = \Delta(\beta).$$

Diese Konstruktion ist von der ersten unabhängig, sie erfordert keine Parallelenkonstruktion als Hilfsmittel.

3. Die Engelsche Dreieckskette. Zu jedem rechtwinkligen Dreieck (a, b, c, λ, μ) gehört ein Spitzeck mit dem Winkel β und den Seiten c, m', a, l. Hier kann man c mit l und m' mit a vertauschen und erhält so das rechtwinklige Dreieck

$$a_1 = m', \; b_1 = b, \; c_1 = l; \quad \lambda_1 = \gamma, \; \mu_1 = \frac{\pi}{2} - a$$

und weiter

$$a_2 = m', \; b_2 = c', \; c_2 = a'; \; \lambda_2 = \frac{\pi}{2} - \beta, \; \mu_2 = \lambda,$$

$$a_3 = l', \quad b_3 = c', \; c_3 = b'; \; \lambda_3 = \frac{\pi}{2} - a, \; \mu_3 = \mu,$$

$$a_4 = l', \quad b_4 = a, \; c_4 = m; \; \lambda_4 = \gamma, \qquad \mu_4 = \frac{\pi}{2} - \beta,$$

$$a_5 = b, \quad b_5 = a, \; c_5 = c; \; \lambda_5 = \mu, \qquad \mu_5 = \lambda.$$

Das fünfte abgeleitete Dreieck hat also wieder dieselben Bestimmungsstücke und man kann die Kette leicht durch eine von Engel aufgestellte Regel so erhalten: man schreibt an die Seiten eines Fünfecks die Buchstaben a', l, c, m, b'.

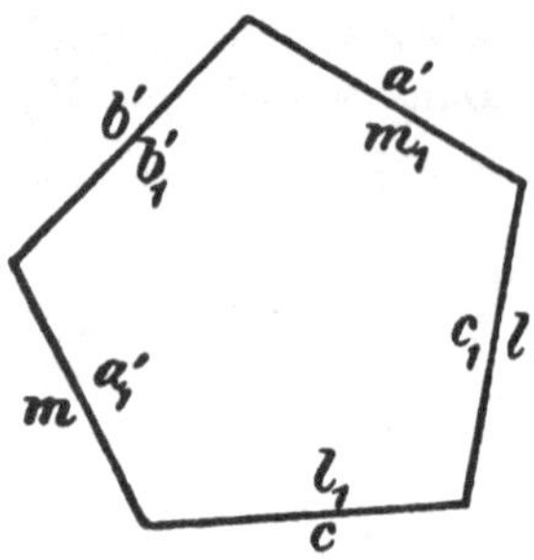

Fig. 18.

Schreibt man, an anderer Stelle beginnend, die Buchstaben a_i', l_i, c_i, m_i, b_i' daran, so erhält man die Bestimmungsstücke zugeordneter Dreiecke. (Vgl. Fig. 18.)

4. Dreiecksaufgaben. Erste Aufgabe: Es soll ein rechtwinkliges Dreieck aus den Winkeln λ und μ konstruiert werden, wobei selbstverständlich $\lambda + \mu < \frac{\pi}{2}$ vorausgesetzt ist. Hier wird man zuerst das erste zugeordnete Dreieck aus $a_1 = m'$, $c_1 = l (> m'\,!)$ konstruieren und kann aus ihm $b_1 = b$ entnehmen, was genügt.

Zweite Aufgabe: Konstruktion des Dreiecks aus den drei Winkeln; die Winkelsumme muß kleiner als zwei Rechte sein. Den größten Winkel denken wir uns durch die jetzt mit b bezeichnete Höhe in zwei Teile λ und λ_1 geteilt, die andern Winkel nennen wir μ und μ_1. Dann läßt sich die Aufgabe so fassen: Es sollen zwei mit der Kathete $b = b_1$ aneinanderstoßende rechtwinklige Dreiecke konstruiert werden; gegeben sind die Gegenwinkel μ und μ_1 und außerdem die Summe $\lambda + \lambda_1$ der anliegenden Winkel.

Wir gehen hier zu den zugeordneten Dreiecken $(c', m', a';\ \lambda, \frac{\pi}{2} - \beta$ und $c_1', m_1', a_1';\ \lambda_1, \frac{\pi}{2} - \beta)$ über und legen sie mit den Hypotenusen so aneinander (Fig. 19), daß die Winkel λ und λ_1 sich wieder zusammenschließen. Man kann dann $OP = m'$ und $OP_1 = m_1'$ konstruieren und die Senkrechten auf OP in P und OP_1 in P_1 müssen einander schneiden (S), denn sonst wäre

$$\lambda + \lambda_1 \geqq \Pi(m') + \Pi(m_1'),$$

also gegen die Voraussetzung

$$(\lambda + \lambda_1) + \mu + \mu_1 \geqq \pi.$$

Halbiert man den Winkel bei S und fällt von O das Lot auf die Halbierungslinie, so schneidet es die beiden Senkrechten unter gleichen Winkeln. Damit sind die beiden zugeordneten rechtwinkligen Dreiecke gefunden, und man kann jetzt z. B. c' und c_1', also auch die im gesuchten Dreieck dem Winkel $(\lambda + \lambda_1)$ anliegenden Seiten c und c_1 aus der Figur entnehmen.

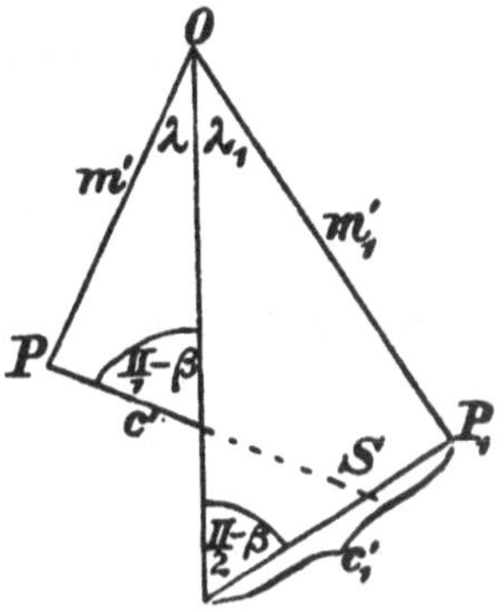

Fig. 19.

§ 11. Kreise und Kreisgeometrie.

Die Zuordnung von rechtwinkligem Dreieck und Spitzeck beherrscht auch die Kreisgeometrie. Zunächst ist die Vorstellung „Kreis" zweckmäßig zu verallgemeinern.

1. Die drei Kreisarten. Die Kreise der euklidischen Geometrie kann man so erhalten: auf einem Strahl eines linearen Büschels (Grundpunkt M) ist ein Punkt P gegeben. Diesen Punkt P spiegelt man an allen Strahlen des Büschels; der Ort dieser schon oben (§ 9, 4) als „korrespondierend" bezeichneten Spiegelbilder ist dann ein Kreis. Der Kreis ist also bestimmt durch das lineare „Achsenbüschel" und einen Punkt der Peripherie. Insbesondere ist hervorzuheben, daß man die Konstruktion mit einem beliebigen aus P durch Spiegelung an einer Achse erhaltenen Punkt P_1 beginnen kann; immer entsteht derselbe Kreis, was aus dem Satz folgt, daß die Mittelsenkrechten zweier Seiten PP_1, P_1P_2 eines Sehnendreiecks mit der Mittelsenkrechten von P_1P_2 denselben Punkt (M) gemein haben.

Diese Fassung der Vorstellung „Kreis" verträgt Verallgemeinerung, da sie nur an die Begriffe „lineares Büschel" und „Spiegelung" gebunden ist und sich darauf stützt, daß die Mittelsenkrechten eines Dreiecks einen „Punkt" gemein haben.

Je nachdem man jetzt in der hyperbolischen Geometrie als Grundlage der Konstruktion ein lineares Büschel durch einen Feldpunkt, einen Randpunkt oder einen Überpunkt verwendet, erhält man einen eigentlichen Kreis (Feldkreis), einen Grenzkreis oder eine Abstandslinie. Der Name Abstandslinie rechtfertigt sich dadurch, daß die Konstruktion darauf hinauskommt, auf allen Geraden, die eine bestimmte Gerade (i), die „Null-Linie" senkrecht schneiden, nach einer Seite hin dieselbe Strecke abzutragen.

Beim Übergang zur euklidischen Geometrie verwandeln sich Grenzkreise und Abstandslinien in Gerade.

In der euklidischen Geometrie ist die n-Teilung (n eine beliebige ganze Zahl) einer geraden Strecke allgemein ausführbar, die des Kreisbogens nicht; in der hyperbolischen Geometrie nur die des Grenzkreisbogens. Wie das zu geschehen hat, soll noch gezeigt werden.

Wenn A und B Anfangs- und Endpunkt des Bogens sind, so handelt es sich darum, die Teilpunkte $A_1, A_2 \ldots, A_{n-1}$ so einzuschalten, daß ein regulärer Sehnenzug entsteht, daß also je zwei Achsen a_{k-1} a_{k+1}, die von A_{k-1} A_{k+1} nach dem Mittelpunkt, dem gemeinsamen „Ende" aller Achsen gehen, symmetrisch zu a_k liegen. Zu diesem Zweck konstruiert man durch wiederholte Spiegelung eine solche Achsenfolge a', $a'_1 \ldots, a'_{n-1}, b'$ und auf ihnen die Peripheriepunkte $A', A'_1 \ldots, A'_{n-1}, B'$ eines Grenzkreises. Auf der letzten Achse b' kann man dann B'_1 so bestimmen, daß das auf a' gefällte Lot $B'_1 F'_1$ gleich dem von B auf a gefällten Lot BF ist; wie das gemacht wird, soll nachher beschrieben werden. Die Figur $B'_1 F'_1 \ldots$ kann man dann in die Figur $BF \ldots$ einfügen, wobei die $a'_1 a'_2 \ldots a'_{n-1}$ mit den gesuchten $a_1 a_2 \ldots a_{n-1}$ zur Deckung kommen.

Es bleibt noch die Aufgabe zu lösen, die wir jetzt behandeln: Gegeben sind zwei parallele Halbgerade g_1 und g_2, die das eine Ende E gemein haben. Auf g_2 ist ein Punkt P so zu bestimmen, daß das auf g_1 gefällte Lot PF gleich einer gegebenen Strecke p ist. Man beginnt damit, auf einer Halbgeraden g'_1 in einem beliebigen Punkt F' die Senkrechte $F'P' = p$ zu errichten und P' mit dem Ende E' von g'_1 zu verbinden. Dann verlängert man $E'P'$ und legt durch das Ende E'_2 dieser Geraden (g'_2) die zu g'_1 senkrechte Gerade (Aufgabe $E_1 J_2$ in § 8, 2), sie schneidet g'_1 in A'. Sodann konstruiert man in der Figur (g_1, g_2) den entsprechenden Punkt A und trägt auf g_1 nach E hin die Strecke $AF = A'F'$ ab. Die in F auf g_1 errichtete Senkrechte schneidet g_2 im gesuchten Punkt P.

2. Komplementärtransformation der Ebene[1]). Man kann die Theorie der Kreise und Kreissysteme sehr fördern, wenn man die

[1]) Synthetische Behandlung der Kreisverwandtschaften bei H. Liebmann, Leipz. Ber. 54 (1902), S. 244—260.

„Abbildung durch komplementäre Ordinaten" vornimmt, die sich zunächst auf die Halbebene beschränkt.

Wir betrachten den oberhalb einer Geraden, der x-Achse, gelegenen Teil der Ebene, fällen von jedem Punkt P aus das Lot $PX = y$ und ordnen P den Punkt P' auf diesem Lot zu ($P'X = y'$), der durch

$$\Pi(y') + \Pi(y) = \frac{\pi}{2}$$

bestimmt ist. Die Abbildung ist involutorisch, d. h. wenn P' das Bild von P ist, so ist umgekehrt P das Bild von P'.

Die Eigenschaften der Komplementärtransformation sind aus Fig. 20 zu entnehmen. Wir legen in das Spitzeck (β, c, m', a, l) nicht das zur Parallelenkonstruktion gebrauchte rechtwinklige Dreieck (a, b, c; λ, μ), sondern das nach der Tabelle in Fig. 20 zugeordnete (a, l', m; $\frac{\pi}{2} - \beta$, γ) und lesen dann aus der Figur ab.

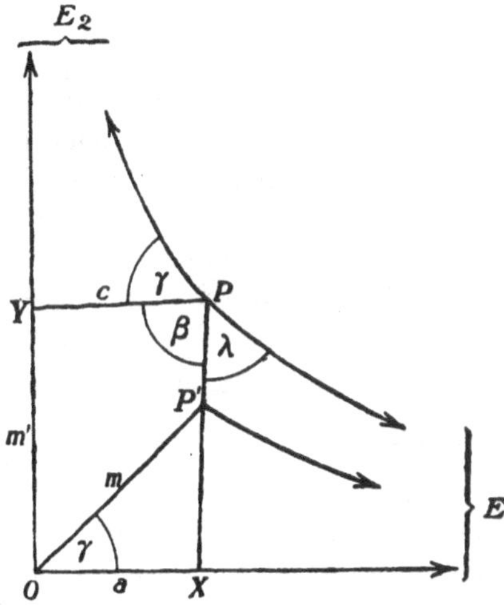

Fig. 20.

Der Abstandslinie, die von der y-Achse den konstanten Abstand c hat, entspricht der Halbstrahl, der mit der x-Achse den Winkel γ einschließt.

Ferner: Schneidet eine Gerade die y-Achse im Punkte Y senkrecht ($OY = m'$), so entspricht ihr der Halbkreis mit dem Mittelpunkt O und dem Halbmesser m.

Verschiebt man die Figur längs der x-Achse, so verschieben sich die Abbildungen entsprechend, wir brauchen immer nur ein bequem zum Achsensystem gelegenes Individuum zu betrachten.

Was entspricht endlich der Geraden, die das rechte Ende E_1 der x-Achse mit dem oberen Ende E_2 der y-Achse verbindet? Wenn ein Punkt sich auf dieser Geraden bewegt, ist beständig

$$\lambda + \beta + \gamma = \pi.$$

Verbindet man nun noch P' mit E_1, so erkennt man, daß

$$\sphericalangle\, OP'E_1 = \Pi(l') + \frac{\pi}{2} - \beta = \pi - \lambda - \beta = \gamma = \sphericalangle\, P'OE_1$$

ist; also sind dann O und P' korrespondierende Punkte von zwei Parallelen und E_2E_1 geht in den oberen Halbgrenzkreis über, der O enthält und das Ende E_1 zum Mittelpunkt hat.

Alle Geraden also (mit Ausnahme der zur x-Achse senkrechten Ordinatenlinien, die auf sich selbst abgebildet werden) gehen in Kreise über, die die x-Achse senkrecht treffen.

Daß die Abbildung winkeltreu ist, erkennt man so: die Abstandslinie (c gleich einer Konstanten) schließt mit der Ordinate PX den Winkel $\frac{\pi}{2} - \beta$ ein und ihr Bild OP' mit $P'X$ ebenfalls; daraus folgt das Weitere. Der Drehsinn eines Winkels ändert sich bei der Abbildung.

3. Abbildung aller Kreise. Die Bilder der die x-Achse senkrecht treffenden Kreise kennen wir, es sind lauter Gerade, die in jedem einzelnen Fall leicht angegeben werden können.

Wir betrachten sodann Kreise, die die x-Achse in O berühren. Sie werden in O und außerdem jeder noch in einem andern Punkt senkrecht geschnitten von dem Büschel der Kreise, die in O die y-Achse berühren, daher bei der Abbildung in Gerade durch den Endpunkt E_2 der y-Achse übergehen. Die Abbildung ist winkeltreu, also erhalten wir Kurven, die alle Geraden durch E_2 senkrecht schneiden, also Grenzkreise.

Betrachten wir jetzt die Gesamtheit der Kreise eines Berührungsbüschels durch O, die hier die Tangente gemein haben, aber mit der x-Achse nicht den Winkel O oder $\frac{\pi}{2}$ einschließen, sondern α.

Sie gehen über in Kurven, die alle Grenzkreise mit dem Mittelpunkt E_2 ebenfalls unter dem Winkel α schneiden. Was für Kurven sind dadurch festgelegt? Das kann wieder mit Hilfe einer Komplementärtransformation erkannt werden. Zur $\bar{x}$-Achse der Transformation wählen wir eine gemeinsame Achse dieser konzentrischen Grenzkreise; sie gehen dann über in Parallelen zur $\bar{x}$-Achse und die α-Trajektorie in eine Kurve, welche diese Parallelen unter dem Winkel α schneidet, also eine Abstandslinie, die von der $\bar{x}$-Achse den Abstand $\Delta(\alpha)$ hat. Umkehrung dieser zweiten Transformation verwandelt diese Abstandslinien wieder in Abstandslinien, also sind die bei der ersten Transformation aus den Kreisen des Berührungsbüschels entstandenen Kurven sämtlich Abstandslinien.

Die Null-Linie der Abstandslinie, die aus einem die x-Achse in O und X treffenden Kreisbogen entsteht, hat als Enden das Ende E_2 der y-Achse und das (obere) Ende der in X auf der x-Achse senkrecht stehenden Geraden und kann danach sofort angegeben werden; diese Null-Linie ist das Bild des Halbkreises über dem Durchmesser OX.

Das Ergebnis ist also auch so zu fassen: Alle Kreisbogen durch zwei Punkte X_1X_2 der x-Achse gehen über in Abstandslinien, deren gemeinsame Null-Linie das Bild des Halbkreises über X_1X_2 ist.

Hieraus folgt noch, daß die Orthogonaltrajektorien dieser Kreisbogen wieder Kreisbogen sind; denn bei der Abbildung gehen sie über in Kurven, die alle Abstandslinien mit einer gemeinsamen Null-Linie senkrecht schneiden, also in Gerade senkrecht zu dieser Null-Linie. Demnach sind die Orthogonaltrajektorien auch Kreisbogen.

Schließlich erhält man auch die Bilder von Kreisen, die die Achse nicht schneiden. Das soll noch für eigentliche Kreise oder „Feldkreise" nachgewiesen werden. Ein Feldkreis mit dem Mittelpunkt M geht über in eine Orthogonaltrajektorie der Bilder seiner Radien, und diese Bilder sind Kreise durch das Bild M' von M und treffen die x-Achse senkrecht, können also ergänzt werden durch ihre Fortsetzungen in der unteren Halb-Ebene, die alle das Spiegelbild M'' von M' enthalten. Der abzubildende Feldkreis verwandelt sich also in eine Orthogonaltrajektorie des Kreisbüschels durch M' und M'', wird daher wieder ein Kreis und zwar Feldkreis.

Die Eigenschaften der Kreisbüschel und Kreisbündel können auf diesem Weg noch weiter verfolgt werden.

§ 12. Der Dreiecksinhalt.

In der sphärischen Geometrie ist der Inhalt eines (aus Hauptkreisbogen gebildeten) Dreiecks dem Exzeß proportional, d. h. dem Überschuß der Winkelsumme über π. In der hyperbolischen Geometrie besteht ein entsprechender Zusammenhang.

1. Dreiecksinhalt und Defekt. Unter dem Defekt eines Dreiecks verstehen wir die Differenz

$$\pi - \alpha - \beta - \gamma = \pi - W,$$

wobei α, β, γ die Winkel sind.

Wir vergleichen jetzt zuerst zwei Dreiecke, die außer gleicher Winkelsumme auch noch gleiche Grundlinie ($a_1 = a$) besitzen. Wir verbinden dann (vgl. Fig. 3) die Mitten E und F der Seiten b und c und fällen aus den Ecken die Lote $AA' = BB' = CC'$. Das Viereck hat, wie oben (§ 4, 2) gezeigt wurde, bei B und C die Winkel $\frac{1}{2} W$, außerdem hat es denselben Flächeninhalt

$$\begin{aligned}(BCC'B') &= (BB'F) + (BCEF) + (CC'E)\\ &= (AA'F) + (BCEF) + (AA'E) = (ABC)\end{aligned}$$

wie das Dreieck. In dem hier gezeichneten Fall sind die Figuren „teilungsgleich", d. h. man kann das Dreieck in drei Figuren aufspalten und aus ihnen das Viereck zusammensetzen. Das gilt aber nur, wenn E und F beide zwischen B' und C' liegen. Sobald dies nicht mehr der Fall ist, sind Dreieck und Viereck nur mehr „ergänzungsgleich", d. h. man erhält beide durch Subtraktion paarweise kongruenter Figuren.

Die einfache Figur dazu kann sich der Leser sofort entwerfen. Führen wir mit dem zweiten Dreieck dieselbe Konstruktion aus, so erhalten wir ein zweites Viereck, und es sind $(B_1C_1C_1'B_1')$ und $(BCC'B')$ kongruente Vierecke. Demnach sind unsere beiden Dreiecke auch ergänzungsgleich.

Dabei ist zu beachten, daß man aus einem Dreieck mit der Grundlinie $BC = a$ und der Winkelsumme W alle andern erhalten kann; legt man BC fest und konstruiert die Mittelgerade EF, so liegen auf ihr die Mittelpunkte $\bar{E}, \bar{F}$ der Seiten $\bar{b}, \bar{c}$ aller dieser Dreiecke [1]). Das wird von Bedeutung, wenn man zwei defektgleiche Dreiecke vergleichen will. Die Grundlinien seien a und a_1. Dann kann man, beidemal unter Benutzung des gemeinsamen Lotes (DD') von Grundlinie und Mittellinie der anderen Seiten, auf dem von D' ab noch $BB' = CC'$ aufzutragen ist, jedes der beiden Dreiecke in ein gleichschenkliges verwandeln und diese wieder in symmetrisch-kongruente rechtwinklige Teildreiecke. Schließlich sind zwei rechtwinklige Dreiecke zu vergleichen, beide mit gleichem Defekt; das eine hat $\frac{a}{2}$ als Kathete, das andere $\frac{a_1}{2}$. Es können aber nicht beide Katheten des einen Dreiecks kleiner sein als beide Katheten des anderen Dreiecks, denn man könnte sonst das eine in das andere legen, und das ist nicht möglich, da beide gleichen Defekt besitzen [2]).

Das erste Dreieck kann daher in ein defekt- und ergänzungsgleiches umgeformt werden, das mit dem zweiten eine gleiche Seite gemein hat, und dieses in das zweite.

Die einfachste Konstruktion zum Nachweis der Ergänzungsgleichheit zweier defektgleicher Dreiecke ist damit gewiß noch nicht angegeben, aber die Gleichheit ist erwiesen.

Der Inhalt ist also eine mit dem Defekt wachsende, durch ihn eindeutig bestimmte Funktion, und zwar besteht direkte Proportionalität; denn wenn man ein Dreieck durch eine Transversale zerlegt, so sind Inhaltsumme und Defektsumme der Teile gleich Inhalt und Defekt des ganzen Dreiecks.

Wir haben uns hier aus guten Gründen mit dem Nachweis der schwächeren Inhaltsgleichheit (Ergänzungsgleichheit) begnügt. Die

---

[1]) Unter allen diesen Dreiecken hat das gleichschenklige die kleinsten Seiten $b_0 = c_0$. Das Dreieck mit vorgeschriebenem $b > b_0$ kann mit Hilfe der durch A und Winkelsumme festgelegten Mittellinie leicht konstruiert werden.

[2]) Legt man zwei Dreiecke mit gleichen Winkeln bei C und C_1 aufeinander und ist $CA < CA_1$, $CB < CB_1$, so verbinde man B_1 mit A und hat dann das größere Dreieck in drei Dreiecke zerspalten. Es seien W und W_1 die Winkelsummen der gegebenen, W_2 und W_3 die der beiden neuen Ergänzungsdreiecke, die Defekte seien mit δ bezeichnet, dann ist

$$W_1 = W + W_2 + W_3 - 2\pi = W - \delta_2 - \delta_3, \quad \text{also } \delta_1 = \pi - W_1 = \delta + \delta_2 + \delta_3 > \delta.$$

„starke" Gleichheit (Teilungsgleichheit) läßt sich nur mit Benutzung des archimedischen Postulates beweisen [1]).

2. Das asymptotische Dreieck. Dreiecke, von denen mindestens eine Ecke unendlich fern liegt, also ein „Randpunkt" ist, lassen sich mit einbeziehen; von „Endlichgleichheit" mit einer ganz im Feld, im Endlichen gelegenen Figur kann aber selbstverständlich nicht mehr die Rede sein. Man muß das asymptotische Dreieck in eine konvergente Summe von Teilfiguren zerlegen und aus ihnen die Vergleichsfigur aufbauen, also die seit Archimedes bekannte Exhaustionsmethode anwenden.

Es genügt die Betrachtung eines asymptotischen Dreiecks ABC (Fig. 21), in dem $\alpha < \frac{\pi}{2}$, $\beta > \frac{\pi}{2}$ ist, denn ein solches läßt sich von jedem (einfach) asymptotischen Dreieck abschneiden. Wir machen dann $AF = \Delta(\alpha)$ und ziehen $FC \perp AF$. Dann reflektieren wir CB an AF, ziehen also durch B die Gerade, deren Fortsetzung über B das Spiegelbild von BC an AF ist; A_1 sei der Schnittpunkt mit AC.

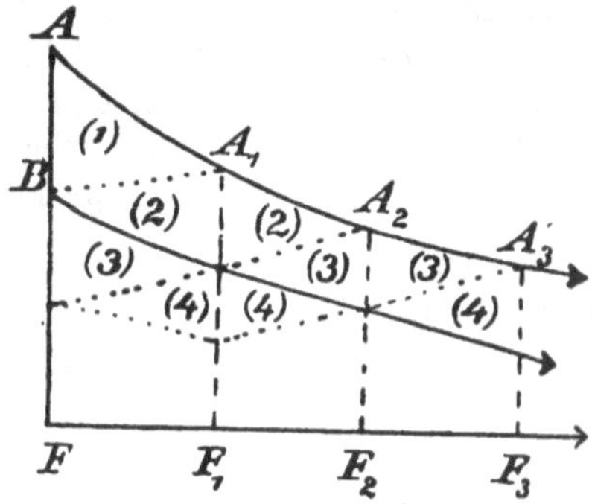

Fig. 21.

Dieses Verfahren wird unbegrenzt fortgesetzt, die Figur, in der jedes Lot $A_k F_k$ in der Mitte zwischen seinen Nachbarn liegt, zeigt dies in aller Deutlichkeit. Der Inhalt des asymptotischen Dreiecks ABC ist dann ausgeschöpft („exhauriert") durch

$$(ABC) = (1) + 2(2) + 2(3) + 2(4) + \cdots$$

und der des Vierecks AFF_2A_2 durch

$$(AFF_2A_2) = 1 + 2(2) + 2(3) + \cdots$$

Beide Figuren sind also einander „teilungsgleich durch Exhaustion". Der Defekt des Dreiecks ist

$$\pi - \alpha - \beta$$

und der des Vierecks, also die Abweichung seiner Winkelsumme von vier Rechten (2π)

$$2\pi - \alpha - \beta - \frac{\pi}{2} - \frac{\pi}{2} = \pi - \alpha - \beta.$$

Jetzt ist die Beziehung zwischen Inhalt und Defekt

$$(ABC) = k^2(\pi - \alpha - \beta - \gamma)$$

[1]) Vgl. die Diss. von A. Finzel, Die Lehre vom Flächeninhalt in der allgemeinen Geometrie (Straßburg 1911), Auszug Math. Ann. 72 (1912), S. 262—284.

allgemein erwiesen; die Konstante k^2 bleibt unbestimmt, ihre Berechnung ist an dieser Stelle noch nicht angängig (vgl. § 20, 2). Wir erkennen aber, daß $k^2\pi$ der Inhalt des dreifach asymptotischen Dreiecks ($\alpha = \beta = \gamma = 0$) ist.

Gauß[1]) setzt umgekehrt den Inhalt des dreifach asymptotischen Dreiecks (ABC) gleich $k^2\pi$, nachdem er sich lange mit der Tatsache herumgeplagt hat, daß Dreiecke mit unendlichen Seiten einen endlichen Inhalt haben, und gelangt von da rückwärts zur allgemeinen Inhaltsformel.

Er schließt etwa so: der Inhalt eines zweifach asymptotischen Dreiecks ist eine Funktion $f(\pi - \gamma)$, wobei γ den von Null verschiedenen Winkel bedeutet, $\pi - \gamma$ den Defekt.

Nimmt man jetzt in (ABC) auf BC einen Punkt D beliebig an und ist $\sphericalangle\, BDA = \delta$, so lehrt diese Figur die Beziehung

$$f(\pi - \delta) + f(\delta) = k^2\pi.$$

Nimmt man sodann einen Punkt O im Innern eines dreifach asymptotischen Dreiecks und ist

$$\sphericalangle\, AOB = \pi - \varphi,$$

$$\sphericalangle\, BOC = \pi - \psi,$$

daher

$$\sphericalangle\, COA = \varphi + \psi,$$

so folgt

$$f(\varphi) + f(\psi) + f(\pi - \varphi - \psi) = k^2\pi$$

oder

$$f(\varphi) + f(\psi) = f(\varphi + \psi),$$

folglich

$$f(\varphi) = k^2\varphi.$$

Der nächste Schritt führt zum einfach asymptotischen Dreieck ABC mit den Winkeln α, β, 0. Verlängert man BA bis zum Ende A_1 und AB bis zum Ende B_1 und verbindet A_1 und B_1 mit C, so erhält man

$$k^2 \cdot \alpha + (ABC) + k^2\beta = k^2\pi$$

oder

$$(ABC) = k^2(\pi - \alpha - \beta).$$

Sind endlich alle drei Winkel von O verschieden, so verlängert man AB bis zum Ende B_1, AC bis zum Ende C_1 und verbindet B mit C_1 ($\sphericalangle\, CBC_1 = \delta$) und erhält

$$(ABC) + k^2(\pi - \delta - \pi + \gamma) + k^2(\pi - \pi + \beta + \delta) = k^2(\pi - \alpha)$$

oder

$$(ABC) = k^2(\pi - \alpha - \beta - \gamma).$$

§ 13. Grundlagen der Raumgeometrie.

Grundvorstellungen der euklidischen Raumgeometrie sind Punkt, Gerade, Ebene und Kugel. An ihren bekannten Eigenschaften halten

[1]) Werke VIII, S. 221 ff.

wir fest und sehen dann zu, was für Neubildungen im hyperbolischen Raum ihnen anzugliedern sind auf Grund des für jede Ebene gültigen hyperbolischen Parallelenpostulates.

1. Geradenbündel. Im euklidischen Raum kennen wir zwei Arten von (linearen) Geradenbündeln (Strahlenbündeln), die Gesamtheit der Geraden durch einen Punkt und die Gesamtheit aller Geraden, die zu einer gegebenen parallel sind

Im hyperbolischen Raum treten drei Arten auf: die Geraden durch einen eigentlichen Punkt (Feldpunkt), die Geraden durch einen „Überpunkt", das sind alle Geraden, die eine bestimmte Ebene senkrecht schneiden und die Geraden durch ein Ende, einen „Randpunkt". Nur zum letzten Fall sind Erläuterungen notwendig. Wir gehen von der Ebene aus, betrachten also zwei in einer Ebene gelegene Halbgeraden $P_1E(g_1)$, $P_2E(g_2)$, die in der Richtung nach E hin parallel sind. Es sei P_3 ein dritter, nicht in der Ebene (P_1P_2E) oder (g_1, g_2) gelegener Punkt. Dann kann man durch g_1 und P_3 eine Ebene legen und in ihr die Parallele P_3E zu g_1 konstruieren, die Gerade g_{31}; die Doppelmarke 31 deutet an, daß von g_1 ausgegangen wurde. Genau so kann man auch von der Ebene P_2P_3E ausgehen und in dieser Ebene die zu P_2E parallele g_{32} ziehen. Wenn nachgewiesen ist, daß diese beiden Geraden zusammenfallen, dann beherrschen wir die Vorstellung „Parallelenbündel" erst völlig und können auch im Raum mit „Randpunkten" arbeiten, genau wie in der Ebene.

Die Ebenen (g_1P_3) und (g_2P_3) haben eine Gerade g_3 gemein. Diese Gerade kann weder mit g_1 noch mit g_2 einen Feldpunkt gemein haben, denn durch diesen Feldpunkt müßte auch $g_2(g_1)$ gehen. Sie kann auch mit keiner von den beiden Geraden einen Überpunkt gemein haben. Hätten z. B. g_3 und g_1 ein gemeinsames Lot, so würde die durch dieses Lot gelegte, auf der Ebene (g_1, g_2) senkrechte Ebene auch die Ebene (P_3g_1) senkrecht schneiden und jede durch g_3 gelegte Ebene, also auch (g_3, g_2). Sie würde also g_2 senkrecht schneiden; denn wenn eine Ebene zwei andere Ebenen (g_1g_2) und (g_3g_2) senkrecht schneidet, dann schneidet sie auch die den Ebenen gemeinsame Gerade senkrecht. In diesem Fall würden also alle drei Geraden einen „Überpunkt" gemein haben, gegen die Voraussetzung.

g_3 muß also durch eines der beiden in (g_1, g_3) gelegenen Enden von g_1 gehen und ebenso durch eines der beiden in (g_2g_3) gelegenen Enden von g_2. Welche Endpunkte sind dies, d. h. auf g_1: E oder das Gegenende E_1' und auf g_2: E oder das Gegenende E_2'? g_3 kann weder mit EE_1', das ist g_1, noch mit EE_2', das ist g_2, noch auch mit $E_1'E_2'$ zusammenfallen; im letzten Fall lägen $g_1\,g_2\,g_3$ gegen die Voraussetzung alle drei in einer Ebene.

Also bleibt nur der Fall übrig: g_3 hat mit g_1 und g_2 das Ende E gemein; die beiden oben getrennt aufgezählten, weil durch verschiedene Konstruktion gewonnenen Geraden g_{31} und g_{32} sind mit g_3 identisch.

Hiermit hat der „Randpunkt“ oder das „Ende“ sein volles Bürgerrecht auch in der Raumgeometrie gewonnen.

Zur Übung und Bekräftigung besprechen wir die Aufgabe: Es soll ein „Überpunkt“ mit einem „Randpunkt“ verbunden werden, es soll also eine Gerade g so bestimmt werden, daß sie auf einer Ebene senkrecht steht und zu einer Geraden AE im vorgeschriebenen Sinn parallel ist. Man hat dann einfach AE auf diese Ebene senkrecht zu projizieren (g') und in der Projektionsebene die zu g' senkrechte, zu AE parallele Gerade zu bestimmen.

2. **Paare und Büschel von Ebenen. Fallgeraden.** Volle Einsicht in die Möglichkeiten der Lagebeziehungen zweier Ebenen E_1 und E_2 gewinnen wir, wenn wir „Fallgeraden“ — die Bezeichnung ist der darstellenden Geometrie entnommen — konstruieren. Wir nehmen P_1 in E_1 beliebig an, fällen von da aus das Lot P_1P_2 auf E_2 und wieder das Lot P_2Q_1 auf E_1, schließlich zur Ergänzung noch Q_1Q_2 auf E_2. $P_1Q_1 \rightarrow$ und $P_2Q_2 \rightarrow$ sind korrespondierende, in einer E_1 und E_2 senkrecht schneidenden, durch den ersten Punkt P_1 völlig festgelegten „Fallebene“ gelegene „Fallgeraden“.

Da begegnen uns wieder drei Möglichkeiten:

1) (s-Büschel.) Schneiden zwei zugeordnete Fallgeraden einander in einem Feldpunkt, dann haben sie eine (aus lauter Feldpunkten bestehende) eigentliche Achse „Feldachse“ gemein. Die Fallebenen stehen auf dieser Feldachse senkrecht, und alle Ebenen, die auf den Fallebenen senkrecht stehen, gehen durch die Feldachse, gehören dem „Ebenenbüschel mit Feldachse“ an.

2) (l-Büschel.) Haben zwei zugeordnete Fallgeraden ein gemeinsames Lot, also einen gemeinsamen „Überpunkt“, dann steht dieses Lot auf E_1 und E_2 senkrecht. Alle Fallebenen gehen durch dieses Lot, bilden also jetzt ein „Ebenenbüschel mit Feldachse“, und alle auf dem gemeinsamen Lot senkrechten Ebenen haben die gleichen Fallebenen gemein. Die Betrachtung ist gegen 1) unverändert, nur die Rollen der Ebenenbüschel sind vertauscht.

3) Die Fallgeraden, zunächst ein Paar (P_1Q_1) und (P_2Q_2) haben ein Ende E gemein. Dann können die Fallgeraden sowohl der ersten Ebene wie der zweiten Ebene weder einen Feldpunkt noch einen Überpunkt gemein haben, wir kämen sonst auf 1) oder 2) zurück. Je zwei entsprechende Fallgeraden haben dann ein Ende gemein, und dieses Ende ist durch ein Paar bestimmt. Denn wenn irgendein Geradenpaar g_1 und g_2 (von E_1 und E_2) ein Ende E gemein hat, und ein anderes Geradenpaar

g_1', g_2' ein anderes Ende E', dann haben E_1 E_2 die Gerade EE' gemein. Diese Möglichkeit 1) ist aber hier ausgeschlossen.

Wir erhalten also folgendes Bild: Alle Paare entsprechender Fallgeraden haben ein bestimmtes Ende (E) gemein. Die Fallebenen haben auch E gemein und weiter keinen Punkt. Die Gesamtheit aller Ebenen, die die Fallebenen senkrecht schneiden, haben wie E_1 und E_2 nur das Ende E gemein.

Zwei so zueinander gelegene Ebenen hat M. Simon als „Zwischenebenen" bezeichnet [1]).

Ein Ebenenbüschel der ersten Art ist durch die „Feldachse", ein Büschel zweiter Art durch die „Überachse", d. h. die Gerade festgelegt, auf der alle Ebenen senkrecht stehen sollen. Beim Büschel dritter Art reicht das gemeinsame Ende E nicht aus zur Festlegung; es muß noch eine E enthaltende Ebene E vorgeschrieben sein.

3. Fallkante und Drehzylinder. Zwei Ebenen E_1 und E_2 und zwei ihrer Fallebenen grenzen einen Raumteil ab, den wir zweckmäßig als „Fallkant", d. h. durch zwei Paare entsprechender Fallgeraden bestimmtes Vierkant (mit vier rechten Winkeln an den Kanten) bezeichnen können. In der euklidischen Geometrie bestehen die Fallkante aus zwei Geradenpaaren ($g_1 h_1$) und ($g_2 h_2$), wobei die Verbindungslinie der Schnittpunkte P_1 (von g_1 und h_1) und P_2 (von g_2 und h_2) auf beiden Ebenen senkrecht stehen.

In der hyperbolischen Geometrie kommt noch eine Möglichkeit dazu. Wenn E_1 und E_2 Zwischenebenen sind, dann werden die „Fallkante" Vierkante, die sich nach dem gemeinsamen Ende hin verjüngen, wie Fabrikschornsteine.

Wir werden hiermit auch auf eine Verallgemeinerung der euklidischen Vorstellung „Drehzylinder" geführt, die wir etwas anders fassen als üblich ist.

Als gegeben nehmen wir mit einem Ebenenbüschel auch die dazu senkrechten Fallebenen und alle Fallgeraden an. Der Drehzylinder ist dann eine Fläche, die das System dieser Fallgeraden senkrecht schneidet, oder auch: der Drehzylinder entsteht, wenn man von P_1 in E_1 ausgehend auf allen in E_1 gelegenen Fallgeraden die korrespondierenden Punkte (§ 9, 4) konstruiert, ebenso auf allen Fallgeraden die in der durch P_1 gehenden Fallebene gelegenen. Fährt man so fort, dann erhält man alle Punkte des Drehzylinders.

In der hyperbolischen Geometrie wiederholt sich dies, solange wir mit einem s-Büschel und dem dazu orthogonalen l-Büschel von Fall-

[1]) Die Geometrie der Zwischenebene und der Grenzfläche. D. Math. Ver. 7 (1899), S. 67—76. H. Liebmann. Münch. Ber. 1921, S. 227—243.

ebenen zu tun haben. Die Meridiane des entstehenden Drehzylinders sind Abstandslinien, die Parallelkreise eigentliche „Feldkreise".

Haben dagegen E_1 und E_2 nur ein Ende gemein, so erhalten wir durch Konstruktion korrespondierender Punkte, da nunmehr die Ebenen des Büschels lauter parallele Fallgeraden besitzen, auf jeder dieser Ebene einen Grenzkreis, ebenso auf jeder Fallebene einen Grenzkreis.

So wie auf dem Drehzylinder ein Orthogonalnetz von Meridianen und Parallelkreisen durch die Ebenen und ihre Fallebenen entsteht, so entsteht hier ein Orthogonalnetz von Grenzkreisen, die die Fläche in Rechtecke zerlegen und vermuten lassen, daß auf dem „Grenzzylinder" die euklidische Geometrie herrscht.

Meridiane und Parallelkreise bilden nämlich, auch wenn beide Scharen zu Grenzkreisen ausarten, ein rechtwinkliges Koordinatennetz und legen eine analytische Geometrie nahe, die sich mit der kartesischen Koordinatengeometrie der euklidischen Ebene deckt. Doch diese Andeutung mag genügen, da wir vollen Einblick ganz ohne Rechnung gewinnen können.

§ 14. Parallelkante und Grenzkugeln.

1. Die Kantenwinkel im Parallelkant. Wir kennen bisher das Parallelvierkant mit vier rechten Winkeln und gelangen von hier aus leicht weiter. Es seien also g_1 h_1 zwei Fallgeraden in E_1, g_2, h_2 die ihnen entsprechenden in E_2, E_1 und E_2 sollen Zwischenebenen mit gemeinsamem Ende E sein. Ferner seien $P_1 Q_1$ korrespondierende Punkte auf g_1 und h_1, $P_1 P_2$ auf g_1 und g_2, $Q_1 Q_2$ auf h_1 und h_2; dann sind auch $P_2 Q_2$ korrespondierend auf g_2 und h_2. Dies gilt allgemein, für jedes „Fallkant".

Neu hinzukommt für die Parallelkante, daß auch g_1 und h_2 in einer Ebene liegen, weil sie parallel sind, desgleichen g_2 und h_1. Die Schnittgerade dieser beiden Diagonalebenen (g_1, h_2) und (g_2, h_1) geht ebenfalls durch das Ende E, ihre Spur auf der Ebene der vier Punkte $P_1 Q_1 Q_2 P_2$ ist der Schnittpunkt M der Diagonalen dieses Vierecks, das gleiche Gegenseiten

$$P_1 Q_1 = P_2 Q_2, \quad P_1 P_2 = Q_1 Q_2$$

besitzt und dessen vier Winkel einander gleich sind.

Auch beim allgemeinen Fallkant ist die durch M gelegte Gerade, in der sich die Symmetrieebene von E_1 und E_2 mit der Symmetrieebene der durch $P_1 Q_1$ und der durch $P_2 Q_2$ gehenden beiden Fallebenen schneidet, Fallgerade und steht auf der Ebene $(P_1 P_2 Q_1 Q_2)$ senkrecht. Hier, bei Zwischenebenen, geht sie also durch E, ist daher mit der Schnittgeraden der Diagonalebenen identisch.

Daraus folgt weiter, daß $P_1 Q_2$ bzw. $P_2 Q_1$ korrespondierende Punkte auf $g_1 h_2$ bzw. $g_2 h_1$ sind.

Das Ende E zusammen mit P_1 und E_1 bestimmt den „Grenzzylinder", die Orthogonalfläche zu den Ebenen des durch E und E_1 bestimmten Büschels, vollständig, und für Q_2 kann ein beliebiger Punkt des Grenzzylinders gewählt werden.

Es folgt also, wenn wir gleich einen Schritt weiter gehen und bedenken, daß auch für P_1 ein beliebiger Punkt dieser Fläche gewählt werden kann:

Die Punkte P und Q, in denen zwei beliebige E enthaltende Gerade g und h den Grenzzylinder treffen, sind korrespondierend auf diesen Parallelen.

Wir gehen auf das rechtwinklige Parallelvierkant mit den Ecken $P_1 P_2 Q_2 Q_1$ und vier rechten Winkeln zurück und stellen noch fest, daß die durch Legen der Diagonalebene (g_2, h_1) entstehenden Dreikante $(h_1 g_1 g_2)$ und $(g_2 h_2 h_1)$ kongruent sind. Denn die (asymptotischen) Tetraeder $Q_1 P_1 P_2 E$ und $P_2 Q_2 Q_1 E$ haben kongruente Grunddreiecke und die „gleichschenkligen" asymptotischen Dreiecke

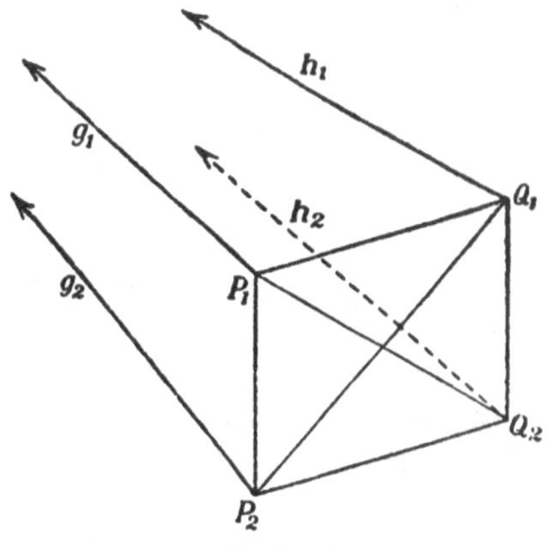

Fig. 22.

$Q_1 P_1 E$ und $P_2 Q_2 E$,
$P_1 P_2 E$ „ $Q_2 Q_1 E$,
$P_2 Q_1 E$ „ $Q_1 P_2 E$

sind ebenfalls paarweise kongruent; auch ist zu beachten, daß für beide Tetraeder der Winkel an der Kante $Q_1 P_2$ ein rechter ist.

Demnach sind die Kantenwinkel an $h_1(g_2)$ im ersten, an $g_2(h_1)$ im zweiten Dreikant einander gleich und es ergibt sich, daß die Summe der Kantenwinkel im rechtwinkligen Paralleldreikant zwei Rechte beträgt. Folglich ist in jedem Paralleldreikant die Summe der Kantenwinkel zwei Rechten gleich.

2. Die Grenzkugel und ihre innere Geometrie. Den Kreisen der euklidischen Geometrie entsprachen in der hyperbolischen Geometrie drei Kreisarten (§ 11, 1). Dasselbe gilt auch für die Kugeln, die man folgendermaßen erhält: Gegeben ist ein „Mittelpunkt" als Feldpunkt, Ende oder Überpunkt und ein Punkt P der Fläche. Dann verbindet man P mit M und legt durch M alle möglichen Geraden g und konstruiert auf jeder von ihnen den zu P korrespondierenden Punkt Q, so daß das Dreieck PMQ immer gleichschenklig ist.

So entstehen „Feldkugel" (eigentliche Kugel mit eigentlichem

Mittelpunkt, Achsen alle durch M), Überkugel oder Abstandsfläche, deren Achsen alle auf einer Ebene senkrecht stehen und deren Punkte von dieser Ebene alle den gleichen Abstand haben, und Grenzkugel.

Die Symmetrieeigenschaften der Feldkugel und der Überkugel sind selbstverständlich: jede Achse ist Rotationsachse der Fläche, nicht nur die bei der ersten Definition ausgewählte Achse PM.

Die Grenzkugel aber ist, wie die Auseinandersetzungen in Nr. 1 lehren, identisch mit dem Grenzzylinder und besitzt ebenfalls die Symmetrieeigenschaft (Drehbarkeit um alle Achsen PE).

Auf der Feldkugel gilt die sphärische Geometrie; auf der Abstandsfläche die hyperbolische Geometrie, den geraden Strecken der Null-Ebene, von der aus der konstante Abstand gemessen ist, entsprechen auf der Fläche Bögen von Abstandslinien und die Winkel zweier Überkreisbögen sind in der senkrechten Projektion auf die Null-Ebene abzulesen.

Auch die Grenzkugel ist in sich beweglich, um jede Achse drehbar; die kürzesten Linien auf ihr (bei der Feldkugel Hauptkreise, bei der Abstandsfläche kongruente Abstandslinien, in jedem Fall ausgeschnitten von Ebenen durch den Mittelpunkt) sind Grenzkreise. Die Winkelsumme im Dreieck aber beträgt zwei Rechte zufolge der bewiesenen Eigenschaft des Paralleldreikants: drei Punkte ABC der Grenzkugel sind verbunden durch die Grenzkreisbögen $a = \langle BC \rangle$, $b = \langle CA \rangle$, $c = \langle AB \rangle$ und die Winkel dieser Bögen sind ja die Kantenwinkel des die Grenzkugel senkrecht schneidenden Dreikantes AE, BE, CE (E der „Mittelpunkt").

Hieraus folgt: Auf der Grenzkugel gilt die euklidische Geometrie. — Freie Beweglichkeit der Figuren in Verbindung mit $\alpha + \beta + \gamma = \pi$ ist die hier erfüllte notwendige und hinreichende Bedingung.

Der inneren Geometrie nach unterscheidet sich also die Grenzkugel in keiner Weise von der euklidischen Ebene, obwohl ihre kürzesten Linien nicht Gerade, sondern Grenzkreise sind — dafür befinden wir uns eben im hyperbolischen Raum. Sie ist hier keine Ebene, sondern ein ins Unendliche sich erstreckender Hohlschild, nach dem Mittelpunkt, also der Seite hin, wo das Ende E ihrer Achsen liegt, konkav.

3. Die Bedeutung der Grenzkugel. Die euklidische Geometrie hat das Recht der Erstgeburt, dafür ist ihr, und das haben die Entdecker getan, die Pflicht aufzuerlegen, daß sie ihre jüngere, einst mit so viel Schmerzen geborene Schwester nach allen Kräften großzuziehen hilft.

Ohne Bild gesprochen: Lobatschefskij und Bolyai haben, nachdem die euklidische Natur der Grenzkugel festgestellt war (allerdings auf anderem Weg), durch Konstruktionen die Elementargeometrie der Ebene, z. B. die Parallelenkonstruktion und weiter die Trigonometrie und Metrik aufgebaut. Wir werden im nächsten Kapitel auch die zweite Aufgabe ganz im Rahmen der hyperbolischen ebenen Geometrie lösen, gehen hier nicht darauf ein.

Dagegen soll die Grenzkugel jetzt in doppelter Weise auf die hyperbolische Ebene abgebildet werden, wodurch zwei Zuordnungen zwischen euklidischer und hyperbolischer Geometrie entstehen, die, aus ganz andern Gesichtspunkten gewonnen, viel später als die großen, nicht beachteten oder vergessenen Leistungen der Entdecker die Aufmerksamkeit von neuem wachriefen. Auch hier gehen wir nicht den geschichtlichen Weg, der so oft nachträglich als Umweg bezeichnet worden ist. Wir wollen eben den hyperbolischen Raum in seiner Eigenkultur und mit seinen eigenen Hilfsmitteln behandeln, und dazu sind wir jetzt imstande.

§ 15. Zwei Abbildungen der Grenzkugel.

1. Sphärische Abbildung, vermittelt durch Enden. Gegeben seien zwei Kugeln mit ihren eigentlichen oder uneigentlichen Mittelpunkten M_1 und M_2. Um sie punktweise aufeinander abzubilden, verlängern wir die Strecke $M_1 P_1$ bis zu ihrem Ende E und verbinden dann E mit M_2. Dem Punkt P_1 der ersten Kugel ordnen wir den Punkt P_2 zu, in dem die Halbgerade $M_2 E$ die zweite Kugel trifft. Dadurch wird eine Abbildung hergestellt, die, soweit sie die Kugeln bedeckt, eindeutig ist. Daß unter Umständen dabei Flächenteile ausfallen, werden wir später sehen.

Viel wichtiger ist die Tatsache, daß dabei alle im Abbildungsbereich (Abbildungsfeld) der einen Kugel gelegenen Kreise wieder in Kreise übergehen.

Nehmen wir z. B. eine eigentliche Kugel (K_1) und legen durch einen Kreis (k_1) die vom Mittelpunkt (M_1) ausgehenden Halbstrahlen, so entsteht ein Drehkegel. Die Drehachse (d_1) ist zugleich (eigentliche) Achse aller Symmetrieebenen. Jede Symmetrieebene schneidet aus dem Kegel (genau genommen „Halbkegel") zwei Halbstrahlen heraus, die zu d_1 symmetrisch liegen, und wenn wir die Enden der Halbstrahlen verbinden, so entsteht eine zu d_1 senkrechte Gerade. Führen wir dies für jede d_1 enthaltende Ebene aus, so erhalten wir als Ort jener Geraden eine auf d_1 senkrechte Ebene E. Den Kreis k_1 können wir anschaulich als „Randbild der Ebene E auf K_1" bezeichnen. Jede Ebene besitzt ein solches Randbild. Das Bild von k_1 auf K_2 bei der vorgeschriebenen Konstruktion ist dann einfach das Randbild von E, also wieder ein Kreis k_2. Durch Einschaltung der Ebene E ist damit nachgewiesen: Jedem Kreis k_1 auf K_1 entspricht bei unserer durch Enden vermittelten Abbildung ein Kreis k_2 auf K_2.

2. Randbilder. Es wird fortan gut sein, nicht die Kugeln, sondern die Ebenen in den Mittelpunkt der Betrachtung zu stellen. Wir betrachten also die Randbilder von Ebenen, d. h. wir verbinden die sämtlichen einer Ebene E′ angehörigen Enden E mit den Mittelpunkten M_1, M_2 zweier Kugeln K_1, K_2 — „verbinden" usw. im allgemeinsten Sinne gemeint, nach Bedarf als Lotfällen und Parallelenziehen zu verstehen.

Das Randbild einer Ebene auf einer Grenzkugel ist dann im allgemeinen ein Kreis, im besonderen, dann nämlich, wenn die Ebene durch den Mittelpunkt M der Grenzkugel geht, die Spur der Ebene auf ihr.

Auch die Ebenen sind Grenzfälle von Kugeln, nämlich Abstandsflächen mit dem Abstand Null, die mit ihrer eigenen Null-Ebene zusammenfallen. Demgemäß sind die Randbilder der Ebene E auf einer bestimmten Ebene E_1 ebenfalls Kreise, und zwar, wie leicht zu sehen, Feldkreise, Grenzkreise oder Abstandslinien, je nachdem E und E_1 ein gemeinsames Lot haben, ein Ende gemein haben oder eine eigentliche Achse, die dann Null-Linie des Randbildes von E auf E_1 wird.

Hier bemerken wir beiläufig, daß die oben (§ 11, 2) besprochene „Abbildung durch komplementäre Lote" im Raum auf ganz natürlichem Wege entsteht, wenn wir die hier besprochene „Abbildung durch Enden" vornehmen, um die Punkte PP' zweier einander senkrecht schneidenden Ebenen EE′ einander zuzuordnen und dann E′ nach E hineinklappen.

Ganz allgemein sind alle diese Abbildungen winkeltreu.

Das soll im einzelnen für Randbilder auf einer Kugel durchgeführt werden. Die Ebenen E_1 und E_2 schneiden einander nach einer Geraden g, deren eines Ende E wir mit den Fußpunkten F_1 und F_2 der vom Mittelpunkt O auf die Ebenen gefällten Lote verbinden. Die Randbilder k_1 und k_2 werden durch zwei Kegel ausgeschnitten, deren (eine) gemeinsame Mantellinie OE ist. Die vier Ebenen E_1, E_2, F_1OE, F_2OE bilden dann ein Parallelvierkant mit rechten Winkeln an F_1E und F_2E, also ergänzt sich der Winkel der Ebenen E_1, E_2 zum Winkel an OE zu π; und da dieser Winkel sich zum Winkel der Kreise k_1, k_2 zu π ergänzt, so ist der Winkel (E_1, E_2) gleich dem Winkel der Randbilder.

3. Anwendung auf Ebene und Grenzkugel. Wir gehen von einer Grenzkugel (K) aus (Achsenende M = unendlich ferner Mittelpunkt) und einer Achse OM. Durch OM legen wir die abzubildende Ebene E_0 und errichten in ihren Punkten P die Senkrechten PE nach einer Seite hin, sagen wir „nach rechts", indem wir uns vorstellen, daß E_0 etwa durch das Auge des Betrachters gelegt ist. Dann ist noch M mit E zu verbinden und mit K zu schneiden, der Schnittpunkt P' von K und ME ist das Bild von P.

Zunächst erkennt man, daß K von den P' nur zur Hälfte bedeckt wird, die Punkte P' liegen alle rechts von E_0.

Sodann bedienen wir uns der Randbilder. Um eine Gerade g von E_0 abzubilden, hat man in g die zu E_0 senkrechte Ebene E zu errichten. Das von M auf g gefällte Lot hat seinen Fußpunkt F in der Ebene E_0, und die M mit dem Rand von E verbindenden Geraden bilden einen Drehkegel, dessen Achse MF ist, dessen Spur auf K daher ein Kreis ist, der den E_0 und K gemeinsamen Grenzkreis senkrecht schneidet. Von diesem Kreis kommt aber nur der rechts von E_0 gelegene Halbkreisbogen in Betracht.

Also haben wir das einfache Ergebnis: Bei der beschriebenen Abbildung verwandeln sich die Geraden der Ebene E_0 in die auf der Spur (E_0, K) senkrecht stehenden (Halb-)Kreise der (Halb-)Grenzkugel.

Die Grenzkugel ist aber ihrer inneren Geometrie nach eine euklidische Ebene; den Grenzkreisen entsprechen die euklidischen Geraden, wie wir wissen.

Somit ist der „Hyperboliker", der mit der anschaulichen Geometrie des hyperbolischen Raumes Arbeitende, imstande, die eineindeutige Abbildung der hyperbolischen Ebene auf die euklidische Halbebene ohne jede Formel sich anzueignen. Den Geraden entsprechen Halbkreise, die senkrecht auf die Gerade treffen, welche die Halbebene begrenzt, und wir können hinzufügen, daß allen Kreisen überhaupt Kreise entsprechen, daß die Abbildung auch winkeltreu ist.

4. Zentralprojektion. Noch eine zweite Abbildung soll hier in den Hauptzügen besprochen werden: die Zentralprojektion der Punkte P' der Grenzkugel (K) auf die Punkte P der Tangentialebene (E) in O.

Die Konstruktion ist so gedacht: man verbindet den unendlichfernen Mittelpunkt M von K mit P' und schneidet MP' mit E, erhält P.

Da erkennt man aber sofort, daß die Grenzkugel K nicht völlig bedeckt wird. Die Bilder der P, also die Schnittpunkte der Geraden MP mit K liegen alle innerhalb eines „Fundamentalkreises" (Fk), der zugleich das Randbild von E' auf K ist. Die Punkte von (Fk) wollen wir mit E' bezeichnen, die außerhalb mit J'.

Für die Grenzkugel wollen wir kurzweg „euklidische" Ausdrucksweise wählen, mit „ ".

Dann ist also zu sagen: Den „Geraden", soweit sie innerhalb des Fundamentalkreises liegen, entsprechen Gerade in E. Sodann: Gerade in E, die ein Ende (E) gemein haben, werden projiziert durch Ebenen, die die Gerade ME enthalten. Die Spur dieser Geraden ist ein Punkt E', die Spuren der Ebenen auf K also „Gerade" durch E'. Also:

Parallele Gerade gehen über in „Gerade" durch einen Punkt E' des Fundamentalkreises.

Es bleibt dann noch die dritte Art von linearen Strahlenbüscheln der Ebene E. Ihnen werden lineare „Geraden“büschel auf K entsprechen, und es liegt die Vermutung nahe, daß wir Büschel erhalten werden, deren Individuen durch einen Punkt J' gehen. Diesem Fingerzeig folgen wir und brauchen dabei die Anschauung nicht stärker einzuspannen, als dies schon für die Aneignung der Parallelenkonstruktion erforderlich war.

Wir betrachten in E ein i-Büschel, also die auf einer Geraden i Senkrechten. Zuerst fällen wir das Lot $OF = p$ auf i, dann errichten wir auf E in F, dem K zugewandt, $FF_1 = p'$; es steht dann MF_1 auf FF_1 senkrecht und schneidet K in einem Punkt J' (außerhalb des Fk). Die Bilder aller zu i senkrechten Geraden (g) von E werden ausgeschnitten durch Ebenen, die diese Gerade MF_1 enthalten, sind also „Gerade“ durch J'. Man kann daher J' zwanglos als „Bild des Überpunktes J“ bezeichnen, dessen zugängliche Stellvertreter die zu i senkrechten Geraden sind, oder auch diese Gerade selber, wenn man so sagen will.

Das Bild der Geraden i (nicht des i-Büschels!) ist eine „Gerade“ i', die Bilder ihrer Endpunkte E_1, E_2 zwei Punkte E_1', E_2' des Fk, und die J' mit E_1', E_2' verbindenden „Geraden“ können den Fk nur je einmal treffen (nicht zweimal, sonst wären sie Bilder von Geraden, die auf i senkrecht stehen und durch E_1 bzw. E_2 gehen; solche Gerade gibt es im Felde E nicht), sind also Tangenten des Fk.

Das letzte Ergebnis können wir auch so aussprechen: Den „Geraden“ durch J' (außerhalb des Fk) entsprechen in E Gerade, die auf einer Geraden i senkrecht stehen. Dabei ist das Bild i' von i auf K die „Gerade“, die durch die Berührungspunkte (E_1', E_2') der beiden durch J' an den Fk gelegten „Tangenten“ geht.

In der euklidischen Geometrie heißt diese Gerade bekanntlich Polare, und diese Bezeichnung dürfen wir für „Gerade“ in K auch übertragen.

Damit haben wir vollen Einblick auch in diese eineindeutige Abbildung der hyperbolischen Ebene auf die „euklidische Ebene“ K erhalten, die Gerade in „Gerade“ überführt — wieder ohne den Rahmen der Konstruktion zu verlassen; gestützt allein auf die nichteuklidischen Postulate, deren Anwendung freilich eine neue Einstellung erfordert und ein Festhalten daran.

Unsere beiden hier synthetisch gewonnenen Abbildungen werden uns im vierten Kapitel wieder begegnen; die erste winkeltreue in § 24, die zweite, die Gerade in Gerade verwandelt, in § 22 als Cayley-Kleinsche Maßbestimmung. Vgl. auch Fig. 32 in Kap. IV.

Drittes Kapitel.

Messungen.

§ 16. Grenzkreismessung und komplementäre Strecken.

Der Grenzkreis und die komplementären Strecken sind die Schlüssel zur Metrik, Trigonometrie und analytischen Geometrie.

1. Bogenmaß und Streckeneinheit[1]). Es seien $A_1 E$, $A_2 E$, $A_3 E$ drei Achsen eines Grenzkreises mit dem Mittelpunkt E, B_1, B_2, B_3 ihre Schnittpunkte mit einem zweiten Grenzkreis vom Mittelpunkt E. Wie ist die Messung der Bogenstücke $(A_1 A_2)$ usw. anzugreifen? Wenn es im ersten Bogen einen regulären Sehnenzug $A_1 C_1, C_2, C_3 \ldots C_{n-1} A_3$ gibt, so daß A_2 auf eines der C fällt, etwa auf C_m, so ist

$$(A_1 A_2) = m(A_1 C_1), \qquad (A_2 A_3) = (n-m)\cdot(A_1 C_1),$$
$$(B_1 B_2) = m(B_1 C_1'), \qquad (B_2 B_3) = (n-m)\ (B_1 C_1'),$$

unter C_k' die Schnittpunkte der Achsen $C_k E$ mit dem zweiten verstanden. Es gilt also wie bei konzentrischen Kreisbögen:

$$(A_1 A_2) : (A_2 A_3) = (B_1 B_2) : (B_2 B_3).$$

Wir fordern (oder nehmen an), daß diese Beziehung bei beliebiger Wahl von A (statt A_3) gilt (genau so, wie man das in der euklidischen Geometrie bei konzentrischen Kreisen immer macht) und bezeichnen mit B den Schnittpunkt von AE mit dem zweiten Grenzkreis, von dem wir voraussetzen, daß er innerhalb des ersten (nach E hin) liegt.

Dann gilt also allgemein

$$\frac{(A_1 A)}{(B_1 B)} = \frac{(A_1 A_2)}{(B_1 B_2)}$$

und der innere Bogen ist kleiner.

Wir definieren sodann die Einheitsstrecke so, daß die Verjüngung des Bogens gerade e^{-1} beträgt, wenn der Achsenabschnitt $A_1 B_1 = A_2 B_2 = AB$ die Länge 1 hat.

Tragen wir dann die Einheitsstrecke von A_1 und A aus n-mal nach innen, also nach E hin, auf den Achsen ab, so entstehen aus $(A_1 A) = s$ die Bögen

$$s_1 = s e^{-1},\ s_2 = s_1 e^{-1} = s e^{-2} \ldots \quad s_n = s e^{-n},$$

und allgemein, wenn eine rationale Strecke abgetragen wird, so erhalten wir

$$s(x) = s\, e^{-x}.$$

---

[1]) Lobatschefskij S. 189. Daß dem Grenzkreis eine Bogenlänge zukommt, folgert er durch Grenzübergang vom Kreis aus. Was die Messung des Kreisbogens überhaupt betrifft, vgl. Enriques-Thieme S. 145; Zacharias, Elementargeometrie Nr. 10. S. 928—939.

Diese Beziehung nehmen wir auch für irrationale x als gültig an.

Man beachte den Unterschied: wenn man konzentrische Kreisbögen zwischen demselben Radius betrachtet, so ist $s(x):s$ zwar ebenfalls von s unabhängig, dagegen außer von x noch vom Radius des äußeren Kreises.

2. Die hyperbolischen Funktionen. Rechnerisches Hilfsmittel sind fortan die hyperbolischen Funktionen, die neben den trigonometrischen gebraucht werden, zuerst treten die letzteren sogar völlig zurück.

Die hyperbolischen Funktionen sind definiert durch

(Sinus hyperbolicus von x) $\quad \operatorname{sh} x = \frac{e^x - e^{-x}}{2}$,

(Cosinus hyperbolicus von x) $\quad \operatorname{ch} x = \frac{e^x + e^{-x}}{2}$,

(Tangens hyperbolicus von x) $\quad \operatorname{th} x = \frac{\operatorname{sh} x}{\operatorname{ch} x} = \frac{e^x - e^{-x}}{e^x + e^{-x}}$,

(Cotangens hyperbolicus von x) $\quad \operatorname{cth} x = \frac{\operatorname{ch} x}{\operatorname{sh} x} = \frac{e^x + e^{-x}}{e^x - e^{-x}}$.

Sie sind nicht wesentlich verschieden von den trigonometrischen Funktionen, denn es ist (für $i = \sqrt{-1}$)

$$\sin ix = \frac{e^{-x} - e^{x}}{2i} = i \operatorname{sh} x,$$

$$\cos ix = \frac{e^{-x} + e^{x}}{2} = \operatorname{ch} x.$$

Daher gelten für sie auch ähnlich geformte, leicht ableitbare Additionstheoreme:

$$\operatorname{sh}(p+q) = \operatorname{sh} p \operatorname{ch} q + \operatorname{sh} q \operatorname{ch} p,$$

$$\operatorname{ch}(p+q) = \operatorname{ch} p \operatorname{ch} q + \operatorname{sh} p \operatorname{sh} q,$$

$$\operatorname{th}(p+q) = \frac{\operatorname{th} p + \operatorname{th} q}{1 + \operatorname{th} p \operatorname{th} q},$$

$$\operatorname{cth}(p+q) = \frac{1 + \operatorname{cth} p \operatorname{cth} q}{\operatorname{cth} p + \operatorname{cth} q}.$$

Endlich ist noch

$$\operatorname{sh}(-p) = -\operatorname{sh} p, \quad \operatorname{ch}(-p) = \operatorname{ch} p, \quad \operatorname{ch}^2 p - \operatorname{sh}^2 p = 1.$$

Die Differentialquotienten sind:

$$\frac{d \operatorname{sh} p}{dp} = \operatorname{ch} p, \quad \frac{d \operatorname{ch} p}{dp} = \operatorname{sh} p,$$

$$\frac{d \operatorname{th} p}{dp} = \frac{1}{\operatorname{ch}^2 p}, \quad \frac{d \operatorname{cth} p}{dp} = -\frac{1}{\operatorname{sh}^2 p}.$$

Die trigonometrischen Funktionen

$$\cos \varphi, \ \sin \varphi$$

können am Kreis

$$x^2 + y^2 = 1 \quad (x = \cos\varphi,\ y = \sin\varphi)$$

als Abszisse und Ordinate abgegriffen werden, dabei ist φ der Zentriwinkel oder auch der doppelte Inhalt des von x Achse, Kreisbogen und Radiusvektor begrenzten Sektors. Die zweite Deutung ist umständlicher, läßt sich aber direkt auf das Argument u der hyperbolischen Funktionen übertragen, mit deren Hilfe man die gleichseitige Hyperbel

$$x^2 - y^2 = 1,\ x = \operatorname{ch} u,\ y = \operatorname{sh} u$$

darstellt.

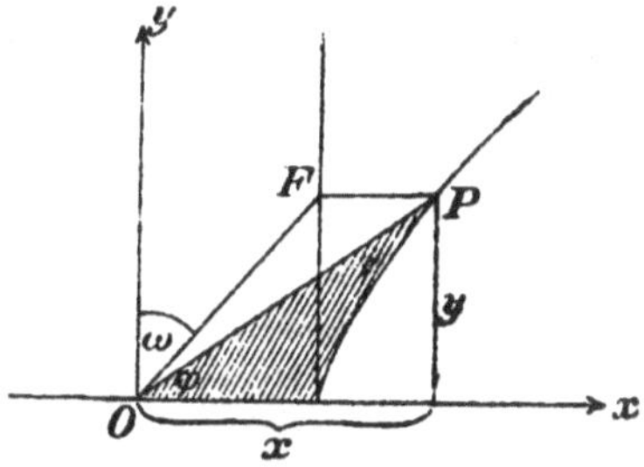

Fig. 23.

Der doppelte Inhalt des schraffierten Sektors ist:

$$v = \int_0^\varphi r^2\, d\varphi = \int_0^\varphi \frac{d\varphi}{\cos^2\varphi - \sin^2\varphi} = \tfrac{1}{2}\, lg\, \frac{1 + \operatorname{tang}\varphi}{1 - \operatorname{tang}\varphi}.$$

Es ist also

$$e^{2v} = \frac{1 + \operatorname{tang}\varphi}{1 - \operatorname{tang}\varphi},\ \operatorname{tang}\varphi = \frac{e^{2v} - 1}{e^{2v} + 1} = \operatorname{th} v$$

und

$$r^2 = \frac{1}{\cos^2\varphi - \sin^2\varphi} = \frac{1 + \operatorname{tang}^2\varphi}{1 - \operatorname{tang}^2\varphi} = \operatorname{ch}^2 v + \operatorname{sh}^2 v,$$

daher

$$x = r\cos\varphi = \sqrt{\operatorname{sh}^2 v + \operatorname{ch}^2 v} \cdot \frac{1}{\sqrt{1 + \operatorname{th}^2 v}} = \operatorname{ch} v (= \operatorname{ch} u),$$

$$y = \sqrt{x^2 - 1} = \operatorname{sh} v\ (= \operatorname{sh} u).$$

Also ist das Argument u in der Tat der doppelte Sektor.

3. Die Gleichung des Grenzkreises. $S = (BC)$ sei der Grenzkreisbogen, bei dem die Tangente im Anfangspunkt, also BE, parallel ist zur Achse E_1CE, die durch den Endpunkt geht (in § 18, Nr. 2 werden wir sehen, daß S gerade die Streckeneinheit ist). Dann nehmen wir A zwischen B und C auf (BC) beliebig an und führen die in Fig. 24 geschilderte Konstruktion aus. Es ist also

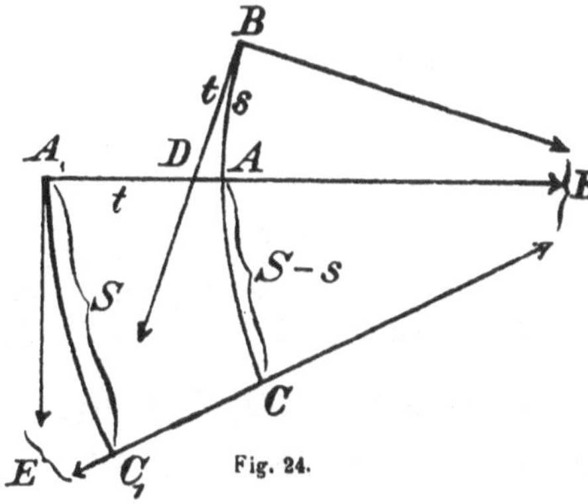

Fig. 24.

$$(AC) = (A_1 C_1)\, e^{-u-t}$$

oder

$$S - s = S\,e^{-u-t}.$$

Hier ist der Bogen $(AB) = s(< S)$ durch Fortsetzung über A hinaus zu S ergänzt, dann $AA_1 = t + u$ gemacht und der neue Bogen $S = (A_1 C_1)$ benutzt worden. Statt dessen kann man auch (AB) über B hinaus verlängern, um $(BC') = S$, und t von D aus nach E_1 hin abtragen usw. Man erhält dann

$$S + s = S\,e^{t-u}$$

und durch Vergleich

$$e^u = \frac{e^t + e^{-t}}{2} = \operatorname{ch} t,$$

$$s = S(1 - e^{-u} e^{-t}) = S\left(1 - \frac{2e^{-t}}{e^t + e^{-t}}\right) = S \operatorname{th} t.$$

Hieraus ergibt sich die **Gleichung des Grenzkreises in rechtwinkligen Koordinaten.** Für den verjüngten Bogen s' (Fig. 25)

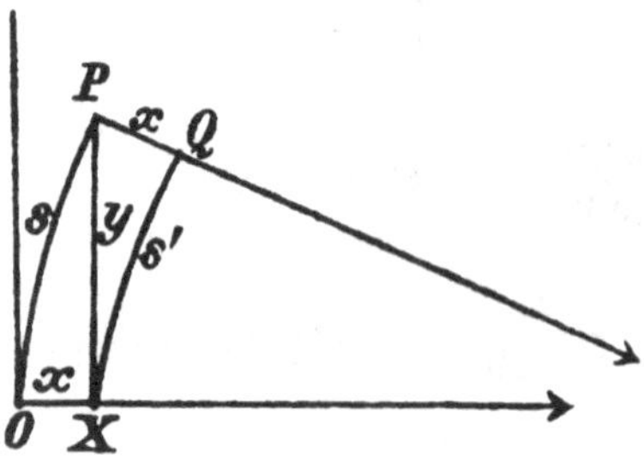

Fig. 25.

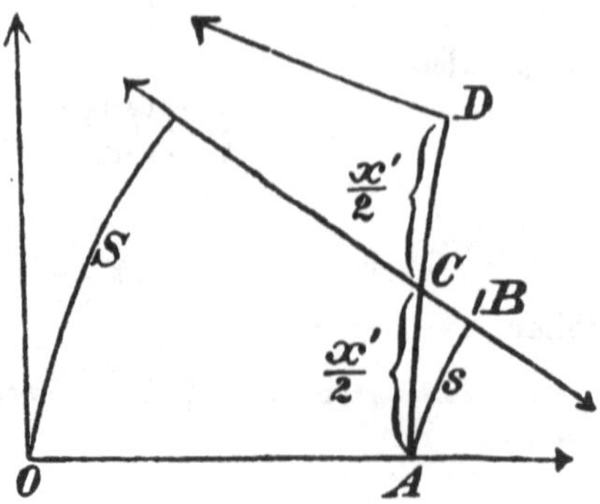

Fig. 26.

treten an Stelle von u und t genau die rechtwinkligen Koordinaten

$$OX = x, \quad XP = y$$

des Punktes P.

Daher ist

$$e^x = \operatorname{ch} y$$

und

$$s = s'\,e^x = S e^x \operatorname{th} y = S \operatorname{sh} y.$$

4. **Beziehung zwischen Komplementärstrecken.** Ist in Fig. 26 $s = (AB) = S e^{-x}$, so geht, wenn wir die in A zu errichtende Ordinate des Punktes C der Grenzkreisachse verdoppeln $\left(AC = \frac{x'}{2}, CD = \frac{x'}{2}\right)$, CB durch das obere Ende der y-Achse und das rechte Ende der x-Achse,

die in D nach links errichtete Senkrechte ebenfalls durch das obere Ende der y-Achse. Daher ist

$$S e^{-x} = s = S \operatorname{th} \frac{x'}{2}.$$

Damit ist die Beziehung zwischen komplementären Strecken x und x' (oder p und p') hergestellt, und zwar folgt

$$\operatorname{sh} p = \frac{e^{p} - e^{-p}}{2} = \frac{1}{2}\left(\frac{e^{\frac{p'}{2}} + e^{-\frac{p'}{2}}}{e^{\frac{p'}{2}} - e^{-\frac{p'}{2}}} - \frac{e^{\frac{p'}{2}} - e^{-\frac{p'}{2}}}{e^{\frac{p'}{2}} + e^{-\frac{p'}{2}}}\right)$$

$$= \frac{2}{e^{p'} - e^{-p'}} = \frac{1}{\operatorname{sh} p'}$$

und genau so

$$\operatorname{ch} p = \operatorname{cth} p',$$

$$\operatorname{th} p = \frac{1}{\operatorname{ch} p'},$$

$$\operatorname{cth} p = \operatorname{ch} p'.$$

Selbstverständlich gehen die Formeln bei Vertauschung von p und p' ineinander über.

§ 17. Dreiecksmessung.

1. Streckentrigonometrie. Unsere Formeln enthalten nur Strecken, oder vielmehr ihre Maßzahlen nach Festlegung der Streckeneinheit. So kommt es, daß eine erste Dreiecksmessung auch nur mit Strecken arbeitet und dadurch zu etwas fremd aussehenden Formeln führt.

Wir beginnen mit dem rechtwinkligen Dreieck ABC ($AC = b$, $BC = a$, $AB = c$, $\sphericalangle BAC = \lambda$, wie früher § 10, 1), machen $AL = l$ und fügen die Grenzkreisbogen (BB') und (LDD') ein (Fig. 27).

Es sei ferner gesetzt:

$$BD = B'D' = u,$$

$$(BB') = s, \quad (DD') = s_1, \quad (LD) = s_2.$$

Dann erhält man:

$$S \operatorname{sh} a = s = s_1 e^{u},$$

$$s_1 + s_2 = S \operatorname{th} l,$$

$$s_2 = S \operatorname{th} (l - c)$$

und

$$e^{u} = \operatorname{ch} (l - c).$$

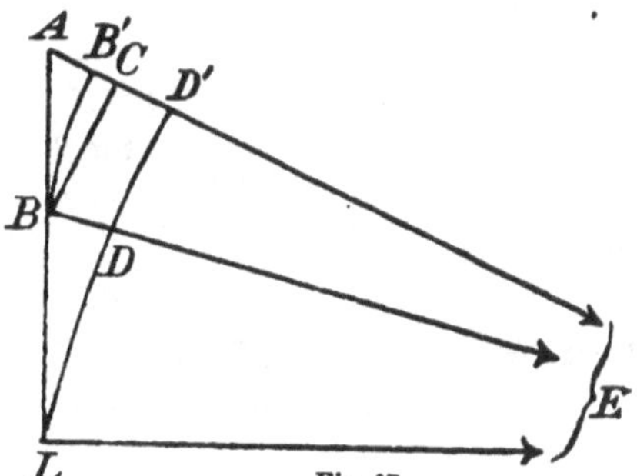

Fig. 27.

Daher wird

$$\operatorname{sh} a = \operatorname{ch}(l - c) \cdot (\operatorname{th} l - \operatorname{th}(l - c)) = \frac{\operatorname{sh} c}{\operatorname{ch} l}$$

und wir erhalten

(1) $$\operatorname{sh} c = \operatorname{sh} a \operatorname{ch} l$$

(Hypotenuse, Kathete, Gegenwinkel).

Die weiteren Formeln liefert die Engelsche Dreieckskette (§ 10, 3). Man kann z. B. nehmen

$$b' = a_1', \; a' = l_1, \; l = c_1$$

und erhält

$$\operatorname{sh} l = \operatorname{sh} b \cdot \operatorname{ch} a' = \operatorname{sh} b \cdot \operatorname{cth} a$$

oder

(2) $$\operatorname{sh} b = \operatorname{th} a \operatorname{sh} l$$

(zwei Katheten und ein Winkel).

Nimmt man jetzt

$$c_1 = l, \; l_1 = c, \; a_1 = m',$$

so entsteht aus

$$\operatorname{sh} c_1 = \operatorname{sh} a_1 \operatorname{ch} l_1$$

die Beziehung

$$\operatorname{sh} l = \operatorname{sh} m' \operatorname{ch} c = \frac{\operatorname{ch} c}{\operatorname{sh} m}$$

oder

(3) $$\operatorname{ch} c = \operatorname{sh} l \operatorname{sh} m$$

(Hypotenuse und beide Winkel).

Das Weitere ist durch geeignete Zusammenwirkung von (1) — (3) zu erhalten.

(2) und (3) ergeben z. B.

$$\operatorname{ch} c = \frac{\operatorname{sh} b}{\operatorname{th} a} \cdot \frac{\operatorname{sh} a}{\operatorname{th} b},$$

das ist

(4) $$\operatorname{ch} c = \operatorname{ch} a \operatorname{ch} b$$

(Hypotenuse und beide Katheten).

Ferner ist nach (2) und (1)

$$\operatorname{ch} a = \frac{\operatorname{sh} a \operatorname{sh} l}{\operatorname{sh} b} = \frac{\operatorname{sh} c}{\operatorname{ch} l} \operatorname{sh} l \cdot \frac{\operatorname{ch} m}{\operatorname{sh} c}$$

oder

(5) $$\operatorname{ch} a = \operatorname{th} l \operatorname{ch} m$$

(Kathete und beide Winkel).

Endlich folgt aus (4), am bequemsten durch die Zuordnung

$$c \to a', \quad a \to c', \quad b \to m',$$

$$\operatorname{ch} a' = \operatorname{th} c' \operatorname{ch} m'$$

oder

(6) $\operatorname{th} a = \operatorname{th} c \operatorname{th} m$

(Kathete, Hypotenuse und Zwischenwinkel).

Diese Formeln kann man mit Hilfe des Fünfeckschemas (Fig. 18) leicht zusammenfassen: **Der hyperbolische Kosinus eines Bestimmungsstückes ist gleich dem Produkt der hyperbolischen Sinus der anliegenden Stücke und dem Produkt der hyperbolischen Kotangenten der Gegenstücke.**

Bei der Ausrechnung sind dann die Beziehungen zwischen den hyperbolischen Funktionen komplementärer Strecken in Rechnung zu ziehen.

Beim allgemeinen Dreieck wollen wir uns mit zwei Formeln begnügen.

Wir bezeichnen die Seiten mit a, b, c, die Gegenwinkel mit λ, μ, ν und erhalten, wenn wir die Höhe $h_1 = AD$ und die Abschnitte $BD = p$, $DC = q$ einführen, aus (1)

$$\frac{\operatorname{sh} c \cdot}{\operatorname{ch} m} = \operatorname{sh} h_1 = \frac{\operatorname{sh} b}{\operatorname{ch} n}$$

und weiter

(7) $\operatorname{sh} a \operatorname{ch} l = \operatorname{sh} b \operatorname{ch} m = \operatorname{sh} c \operatorname{ch} n$ („Sinussatz").

Aus (4) kommt:

$$\operatorname{ch} c = \operatorname{ch} h_1 \operatorname{ch} p, \quad \operatorname{ch} b = \operatorname{ch} h_1 \cdot \operatorname{ch} q,$$

aus

(6) $\operatorname{th} q = \operatorname{th} b \operatorname{th} n,$

daher

$$\operatorname{ch} c = \frac{\operatorname{ch} b \operatorname{ch} p}{\operatorname{ch} q} = \frac{\operatorname{ch} b}{\operatorname{ch} q}(\operatorname{ch} a \operatorname{ch} q - \operatorname{sh} a \operatorname{sh} q)$$
$$= \operatorname{ch} b \operatorname{ch} a - \operatorname{sh} a \cdot \operatorname{th} q \operatorname{ch} b$$

oder

(8) $\operatorname{ch} c = \operatorname{ch} a \operatorname{ch} b - \operatorname{sh} a \operatorname{sh} b \operatorname{th} n$ („Kosinussatz").

2. **Einführung der Winkel.** Die beigefügten Benennungen der Formeln rechtfertigen sich erst, wenn man die Winkel einführt. An Stelle der hyperbolischen Funktionen der $l = \Delta(\lambda)$ usw. müssen also trigonometrische Funktionen der Winkel treten.

Da stellen wir in erster Linie fest, daß die durch

$$\operatorname{th} a = \cos f(a)$$

bestimmte Funktion sich angeben läßt für $a = 0$ und $a = \frac{\pi}{2}$.

Denn es ist im ersten Fall

$$a = \infty, \ \operatorname{th} a = 1, \ \cos f(a) = 1, \ f(a) = 0,$$

und im zweiten Fall

$$a = 0,\ \operatorname{th} a = 0,\ \cos f(a) = 0\quad f\left(\frac{\pi}{2}\right) = \frac{\pi}{2}.$$

Für diese beiden Winkel stimmt also $f(\alpha)$ mit α, $\cos f(\alpha)$ mit der Funktion $\cos \alpha$ überein, die, nebenbei bemerkt, in der hyperbolischen Geometrie nicht mehr die euklidische Bedeutung (anliegende Kathete: Hypotenuse) hat, sondern analytisch durch die Reihe oder durch

$$\cos \alpha = \frac{e^{i\alpha} + e^{-i\alpha}}{2}$$

definiert zu denken ist.

Wir spalten jetzt das schiefwinklige Dreieck wieder in zwei rechtwinklige Dreiecke. Dabei greifen wir aber zur Bezeichnung der rechtwinkligen Dreiecke zurück; anders gesagt: wir legen zwei rechtwinklige Dreiecke $(a, b, c;\ \lambda\mu)$ $(a_1 = a,\ b_1,\ c_1;\ \lambda_1\ \mu_1)$ mit den gleichen Katheten aneinander.

Des weiteren sind die trigonometrischen Formeln aus Nr. 1 heranzuziehen und die aus der Definition von $f(\alpha)$ mit Berücksichtigung von $\alpha = \Pi(a)$ folgenden

$$\operatorname{sh} a = \frac{\operatorname{th} a}{\sqrt{1 - \operatorname{th}^2 a}} = \cot f(\alpha),$$

$$\operatorname{ch} a = \sqrt{1 + \operatorname{sh}^2 a} = \frac{1}{\sin f(\alpha)},$$

$$\operatorname{cth} a = \frac{1}{\cos f(\alpha)}.$$

Dann gibt unser „Kosinussatz“

$$\text{(8a)}\quad \cos f(\mu + \mu_1) = \operatorname{th} \Delta(\mu + \mu_1) = \frac{\operatorname{ch} c \operatorname{ch} c_1 - \operatorname{ch}(b + b_1)}{\operatorname{sh} c \operatorname{sh} c_1}.$$

Ferner wird nach (6) jetzt

$$\operatorname{th} a = \operatorname{th} c \cos f(\mu),\quad \operatorname{th} a_1 = \operatorname{th} c_1 \cos f(\mu_1),$$

also

$$\operatorname{cth} c \operatorname{cth} c_1 = \operatorname{cth}^2 a \cos f(\mu) \cos f(\mu_1).$$

Nach (1) aber wird

$$\frac{\operatorname{sh} b}{\operatorname{sh} c} = \frac{1}{\operatorname{ch} m} = \sin f(\mu);\quad \frac{\operatorname{sh} b_1}{\operatorname{sh} c_1} = \sin f(\mu_1)$$

und nach (1) und (2)

$$\frac{\operatorname{ch} b}{\operatorname{sh} c} \cdot \frac{\operatorname{ch} b_1}{\operatorname{sh} c_1} = \frac{\operatorname{th} m}{\operatorname{sh} a} \cdot \frac{\operatorname{th} m_1}{\operatorname{sh} a_1} = \frac{\cos f(\mu) \cos f(\mu_1)}{\operatorname{sh}^2 a}.$$

Setzt man nach Zerspaltung von

$$\operatorname{ch}(b + b_1) = \operatorname{ch} b \operatorname{ch} b_1 + \operatorname{sh} b \operatorname{sh} b_1$$

und mit Berücksichtigung von

$$\text{cth}^2 a = 1 + \frac{1}{\text{sh}^2 a}$$

in (8a) ein, so folgt

$$\cos f(\mu + \mu_1) = \cos (f(\mu) + f(\mu_1)),$$

und da beide Seiten für $\mu = \mu_1 = 0$ übereinstimmen,

$$f(\mu + \mu_1) = f(\mu) + f(\mu_1).$$

Demnach kann sich die Funktion $f(\mu)$ von μ nur um einen konstanten Faktor unterscheiden, dieser Faktor muß aber Eins sein, wegen

$$f\left(\frac{\pi}{2}\right) = \frac{\pi}{2}.$$

Hiermit sind die trigonometrischen Funktionen eingeführt und wir haben

$$\begin{aligned}
\text{th}\, a &= \cos \alpha &&\text{oder} & \cos \Pi(p) &= \text{th}\, p,\\
\text{sh}\, a &= \cot \alpha &&\text{,,} & \cot \Pi(p) &= \text{sh}\, p,\\
\text{cth}\, a &= \frac{1}{\cos \alpha} &&\text{,,} & \cos \Pi(p) &= \text{th}\, p,\\
\text{ch}\, a &= \frac{1}{\sin \alpha} &&\text{,,} & \sin \Pi(p) &= \frac{1}{\text{ch}\, p}.
\end{aligned}$$

Dazu fügen wir noch

$$\text{tang}\, \tfrac{1}{2}\Pi(p) = \sqrt{\frac{1 - \cos \Pi(p)}{1 + \cos \Pi(p)}} = e^{-p},$$

um daran zu erinnern, daß dies die klassische Form ist, die Lobatschefskij der Beziehung zwischen Lot p und Parallelwinkel $\Pi(p)$ gegeben hat.

Der Parallelwinkel tritt übrigens auch in der Figur 23 zur Darstellung der hyperbolischen Funktionen auf. Der eingezeichnete Winkel ω ist bestimmt durch

$$\cos \omega = \frac{y}{\sqrt{1 + y^2}} = \text{th}\, u,$$

wenn also der doppelte Sektorinhalt mit p bezeichnet wird, ist

$$\omega = \Pi(p).$$

Durch Einführung der trigonometrischen Funktionen der Winkel $\lambda\, \mu$ des rechtwinkligen und λ, μ, ν des schiefwinkligen Dreiecks erhalten wir dann die Reihe

(1′) $\text{sh}\, a = \text{sh}\, c \sin \lambda$,
(2′) $\text{sh}\, b = \text{th}\, a \cot \lambda$,
(3′) $\text{ch}\, c = \cot \lambda \cot \mu$,
(4′) $\text{ch}\, c = \text{ch}\, a\, \text{ch}\, b$,
(5′) $\cos \lambda = \text{ch}\, a \sin \mu$,
(6′) $\text{th}\, a = \text{th}\, c \cos \mu$

für das rechtwinklige Dreieck und

$$(7')\quad \mathrm{sh}\,a : \mathrm{sh}\,b : \mathrm{sh}\,c = \sin\lambda : \sin\mu : \sin\nu \text{ (Sinussatz)},$$
$$(8')\quad \mathrm{ch}\,c = \mathrm{ch}\,a\,\mathrm{ch}\,b - \mathrm{sh}\,a\,\mathrm{sh}\,b\cos\nu \text{ (Kosinussatz)}.$$

(1') — (5') treten genau entsprechend in der sphärischen Trigonometrie auf, nur sind die hyperbolischen Funktionen der Seiten durch die trigonometrischen zu ersetzen. Wir kommen darauf noch zurück (§ 19, 1).

3. Verwendung der Grenzkugel. Wir sind hier dem stellenweise etwas dornigen Pfad des „Hyperbolikers" gefolgt, der stolz verschmäht, die Raumgeometrie und die Gültigkeit der euklidischen Geometrie auf der Grenzkugel heranzuziehen. Gibt man diesen Grundsatz auf, dann geht alles viel einfacher. Man errichtet etwa in der Ecke A des rechtwinkligen Dreiecks auf seiner Ebene die Senkrechte und verbindet ihr eines Ende E noch mit B und C. Durch A legt man die Grenzkugel mit dem „Mittelpunkt" E und bezeichnet die Schnittpunkte der Achsen BE und CE mit der Grenzkugel durch B_1 und C_1 ($CC_1 = u$). Die Winkel des Grenzkreisdreiecks ($A B_1 C_1$) sind dann λ, $\frac{\pi}{2}$, $\frac{\pi}{2} - \lambda$ und die Seiten

$$(AC_1) = S\,\mathrm{th}\,b,\ (AB_1) = S\,\mathrm{th}\,c,\ (B_1C_1) = S e^{-u}\,\mathrm{th}\,a = \frac{S\,\mathrm{th}\,a}{\mathrm{ch}\,b}.$$

Da aber auf der Grenzkugel die euklidische Geometrie gilt, so ist im rechtwinkligen Dreieck ($A B_1 C_1$)

$$(AC_1) = (AB_1)\cos\lambda$$

oder

$$\mathrm{th}\,b = \mathrm{th}\,c\cos\lambda \text{ (vgl. 6')}$$

und

$$(C_1B_1) = (AB_1)\sin\lambda,$$

also

$$\frac{\mathrm{th}\,a}{\mathrm{ch}\,b} = \mathrm{th}\,c\sin\lambda = \mathrm{th}\,b\,\mathrm{tang}\,\lambda$$

und endlich

$$\mathrm{th}\,a = \mathrm{sh}\,b\,\mathrm{tang}\,\lambda \text{ (vgl. 2')}.$$

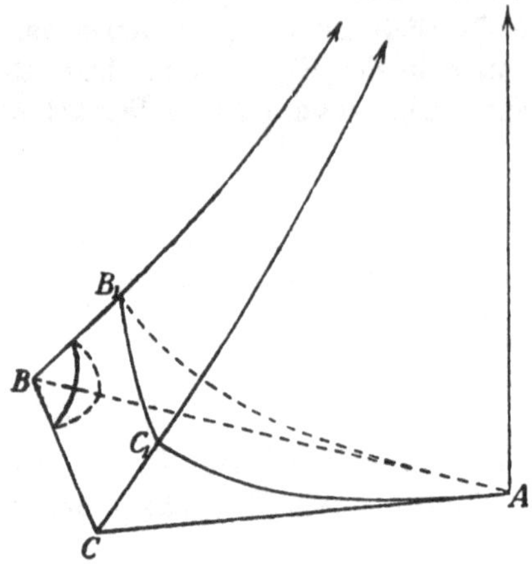

Fig. 28.

Diese Beispiele genügen, um diesen Eingang (rechnerisch bequemer, aber axiomatisch anspruchsvoller!) in die hyperbolische Dreiecksmessung erkennen zu lassen.

Schließlich kann man noch B als Mittelpunkt einer Kugel nehmen und auf ihr das sphärische Dreieck betrachten, dessen Ecken die Spuren von BE, BA und BC sind. Das Dreikant mit der Ecke B ist an der Kante BE rechtwinklig, und wenn man im sphärischen Dreieck dann noch die

Seiten wie üblich durch Zentriwinkel mißt ($\sphericalangle EBA$, $\sphericalangle ABC$, $\sphericalangle EBC$), dann erhält man für dieses rechtwinklige sphärische Dreieck genau die bekannten Formeln der sphärischen Trigonometrie. Indessen darf auf diesen Nachweis der „Unabhängigkeit der sphärischen Geometrie vom Parallelenpostulat“ wohl verzichtet werden.

4. **Übergang zur euklidischen Geometrie.** Die euklidische Geometrie unterscheidet sich dadurch von der hyperbolischen, daß $\Pi(p)$ gleich $\frac{\pi}{2}$ ist. Um diesen Übergang herzustellen, wollen wir jetzt die (geometrisch definierte) Streckeneinheit mit k bezeichnen und haben dann zu beachten, daß zu schreiben ist

$$\operatorname{tang} \tfrac{1}{2} \Pi(p) = e^{-\frac{p}{k}}.$$

Hierin muß man k unbegrenzt wachsen lassen, um $\frac{1}{2}\Pi(p) = \frac{1}{4}\pi$ zu erhalten. In den trigonometrischen Formeln (1′) — (8′) muß man dann auch k hervortreten lassen, hat z. B. zu schreiben

$$\operatorname{sh}\frac{a}{k} = \operatorname{sh}\frac{c}{k}\sin\lambda,$$

$$\operatorname{ch}\frac{c}{k} = \operatorname{ch}\frac{a}{k}\operatorname{ch}\frac{b}{k}.$$

Es ist aber

$$\operatorname{sh}\frac{a}{k} = \frac{a}{k} + \frac{a^3}{6k^3} + \cdots,$$

$$\operatorname{ch}\frac{a}{k} = 1 + \frac{a^2}{2k^2} + \cdots,$$

also kommt

$$a = c\sin\lambda + k^{-2}(\ldots)$$

und

$$1 + \frac{c^2}{2k^2} + \cdots = 1 + \frac{a^2}{2k^2} + \frac{b^2}{2k^2} + \cdots$$

oder

$$c^2 = a^2 + b^2 + k^{-2}(\ldots)$$

und für unbegrenzt wachsendes k

$$a = c\sin\lambda \text{ (Sinusdefinition)},$$
$$c^2 = a^2 + b^2 \text{ (Pythagoras)}.$$

Also geht in der Tat mit unbeschränkt wachsendem k die hyperbolische Geometrie in die euklidische Geometrie über.

Dieselbe Rechnung kann auch anders gedeutet werden. Man hält k fest, betrachtet aber „sehr kleine“ Dreiecke, bei denen die höheren Potenzen von $a:k$, $b:k$, $c:k$ gegen die niedrigste in der Formel gerade auftretende Potenz vernachlässigt werden kann. Dann ist zu sagen: Für sehr kleine Dreiecke gilt „in erster Annäherung“ die euklidische Geometrie.

§ 18. Bogenmessungen.

Die bisherigen Ergebnisse verwenden wir zunächst für Ausmessung von Kreisen.

1. Kreisbogen. Der Bogen (AB) eines Feldkreises mit Radius r und Zentriwinkel a ist durch Grenzübergang aus dem regulären Sehnenzug zu erhalten. Bei n-Teilung wird die einzelne Sehne $(2s)$ bestimmt durch

$$\operatorname{sh} s = \operatorname{sh} r \cdot \sin \frac{a}{2n},$$

woraus folgt

$$2n\,s = \left(\frac{s}{\operatorname{sh} s}\right) \cdot \operatorname{sh} r \cdot \left(2n \sin \frac{a}{2n}\right).$$

Beim Grenzübergang $(n \to \infty)$ wird

$$2ns \to (AB),$$

$$\left(\frac{s}{\operatorname{sh} s}\right) \to 1,$$

$$\left(2n \sin \frac{a}{2n}\right) \to a;$$

also kommt

$$(AB) = a \operatorname{sh} r \text{ (Kreisbogen).}$$

Ebenso leicht können wir den Bogen (AB) einer Abstandslinie (Überkreis) bestimmen. Die von A und B auf die „Null-Linie" gefällten Lote mögen die Länge l, das abgeschnittene Stück der Null-Linie die Länge a besitzen. Wir führen wieder einen regulären Sehnenzug von n Sehnen $(2s)$. Es ist dann (durch Übertragung der Formeln des rechtwinkligen Dreiecks auf die $2n$ Spitzecke, die entstehen, wenn man den Sehnenzug ergänzt durch Lote, die von den Enden und den Mitten der Sehnen auf die Null-Linie gefällt sind) abzuleiten

$$\operatorname{sh} s = \operatorname{sh} \frac{a}{2n} \operatorname{ch} l,$$

also

$$2ns = \frac{s}{\operatorname{sh} s} \operatorname{ch} l \left(2n \operatorname{sh} \frac{a}{2n}\right)$$

und hieraus durch Grenzübergang

$$(AB) = a \operatorname{ch} l \cdot \text{(Abstandslinienbogen).}$$

Wir wollen noch in beiden Fällen den Bogen ausdrücken durch die Sehne AB, die wir jetzt mit $2s$ bezeichnen und durch den Radius r, entsprechend dem Abstand l mit dem Ziel, den Grenzkreisbogen (AB) durch s auszudrücken. Es ergibt sich

$$(AB) = \frac{a}{2 \sin \frac{a}{2}} \cdot 2 \operatorname{sh} s,$$

wobei mit wachsendem r der Winkel α sich der Null unbegrenzt nähert, und

$$(AB) = \frac{\alpha}{2\,\mathrm{sh}\,\frac{\alpha}{2}} \cdot 2\,\mathrm{sh}\,s,$$

wobei mit wachsendem l die Strecke a sich unbegrenzt der Null nähert.

2. Streckeneinheit. Ausführbare Konstruktionen. Beim Übergang zum Grenzkreisbogen über der Sehne $AB = 2s$ liefern beide Formeln, indem man einmal r unbeschränkt wachsen und damit α unbeschränkt nach Null abnehmen läßt, dann entsprechend l und a, den gemeinsamen Wert

$$(AB) = 2\,\mathrm{sh}\,s \text{ (Grenzkreisbogen über } 2s).$$

Früher (§ 16, Nr. 3 am Schluß) ist der Wert aber berechnet (die Bezeichnungen sind jetzt abzuändern) zu

$$(AB) = 2S\,\mathrm{sh}\,s,$$

also ist $S = 1$.

Damit ist die geometrische Bedeutung der Streckeneinheit gefunden.

Definiert war sie als gerade Strecke, die man auf den Achsen eines Grenzkreises nach innen abtragen muß, um die „Verjüngung" e^{-1} zu erhalten.

Jetzt tritt sie auf als Bogen eines Grenzkreises, wobei die Tangente in A parallel ist zur verlängerten Achse $EB \rightarrow$ des Endpunktes.

Wir legen uns noch die Frage vor: Kann man diesen Bogen geometrisch strecken (rektifizieren)? Mit anderen Worten: Kann man die gerade Strecke 1 konstruieren?

Diese Frage kann entschieden werden, weil auf der Grenzkugel die euklidische Geometrie gilt, und weil man für die euklidische Geometrie alle ausführbaren Konstruktionen angeben kann. Es sind nur solche Konstruktionen ausführbar, die rechnerisch außer rationalen Operationen das (beliebig oft wiederholte) Ziehen von Quadratwurzeln erfordern[1]); anderseits ist mit der Strecke a der Grenzkreisbogen $s = \mathrm{sh}\,a$ als „gerade" Strecke auf der Grenzkugel gegeben.

Hieraus folgt: Sind $a_1, a_2 \ldots, a_n$ gegeben, so kann man alle Strecken konstruieren, die durch eine Beziehung von der Form

$$\mathrm{sh}\,a = F(\mathrm{sh}\,a_1, \mathrm{sh}\,a_2 \ldots, \mathrm{sh}\,a_n)$$

bestimmt werden. Dabei ist die Funktion F aus ganzen

[1]) A. Adler, Theorie der geometrischen Konstruktionen (Sammlung Schubert LII), S. 196.

Zahlen und ihren Argumenten $\mathrm{sh}a_1 \ldots \mathrm{sh}a_n$ aus rationalen Operationen und Quadratwurzelzeichen aufgebaut.

Nicht ausführbar ist z. B. die Streckenteilung $x = \frac{a}{n}$, denn man hat

$$\mathrm{sh}\, x = \tfrac{1}{2}\left(\sqrt[n]{\mathrm{sh}\, a + \sqrt{1 + \mathrm{sh}^2 a}} - \frac{1}{\sqrt[n]{\mathrm{sh}\, a + \sqrt{1 + \mathrm{sh}^2 a}}}\right);$$

sie geht nur, wenn n eine Potenz von 2 ist.

Die gerade Strecke 1 wäre aus

$$\mathrm{sh}\, 1 = \frac{e - e^{-1}}{2}$$

zu konstruieren, da aber rechts keine rationale Zahl steht, ist diese Aufgabe nicht mit Zirkel und Lineal zu lösen.

Ein Beispiel mag zeigen, wie man bei „ausführbaren" Konstruktionen zu verfahren hat; wir wählen

$$\mathrm{sh}\, a = \sqrt{\mathrm{sh}^2 c - \mathrm{sh}^2 b}.$$

Zu diesen Strecken b, c, a gehören drei Grenzkreisbogen

$$s(a) = \mathrm{sh}\, a,\quad s(b) = \mathrm{sh}\, b,\quad s(c) = \mathrm{sh}\,(c),$$

deren Ordinaten sie sind, und man könnte auf der Grenzkugel aus den „geraden" Strecken $s(c)$ und $s(b)$ leicht $s(a)$ konstruieren mit Hilfe eines rechtwinkligen Dreiecks ABC. Es genügt, die Konstruktion für den Fall $\mathrm{sh}\, c < 1$, $\mathrm{sh}\, b < 1$ durchzuführen. Dann wird die Tangentialebene in A von beiden Grenzkugelachsen EB und EC durch B und C in zwei Feldpunkten B_1 und C_1 geschnitten und AB_1, AC_1 sind als Tangentenstücke zweier Grenzkreisbogen mit gegebenen Ordinaten c und b konstruierbar, also auch $C_1 B_1$ als zweite Kathete eines ebenen geradlinigen rechtwinkligen Dreiecks. Das bei C_1 rechtwinklige asymptotische Dreieck EC_1B_1 gibt uns dann die Punkte C und B, denn C_1C ist bekannt und B der zu C korrespondierende Punkt auf B_1E. Dann ist der Bogen (BC) das gesuchte $\mathrm{sh}\, a$ und a die zugehörige Ordinate. — Alle diese Konstruktionen sind in der Umklappung an ebenen geradlinigen Figuren ausgeführt.

3. Bogenelemente. In der euklidischen Geometrie ist das Quadrat der Entfernung zweier Punkte mit rechtwinkligen Koordinaten $x_1 y_1$ und $x_2 y_2$ gegeben durch

$$(x_2 - x_1)^2 + (y_2 - y_1)^2,$$

also das Bogenelement ds durch

$$ds^2 = dx^2 + dy^2.$$

In der hyperbolischen Geometrie wird die Formel für den Abstand recht unbequem, dagegen erhält man recht einfache Formeln für das

Bogenelement. Dabei ist zu berücksichtigen, daß man in bekannter Weise

$$ds^2 = du^2 + dv^2$$

zu setzen hat, unter du und dv die Abschnitte auf den durch $P(u, v)$ gehenden zueinander senkrechten Koordinaten verstanden.

Bei Verwendung von Polarkoordinaten (r, φ) ist ds Hypotenuse eines rechtwinkligen Dreiecks mit den Katheten dr (Radiuselement) und $\operatorname{sh} r d\varphi$ (Kreiselement), daher

$$ds^2 = dr^2 + \operatorname{sh}^2 r\, d\varphi^2.$$

Bei Verwendung von rechtwinkligen Koordinaten $x = OX$, $y = XP$ ist ds Hypotenuse eines rechtwinkligen Dreiecks mit den Katheten dy (Ordinatenelement) und $\operatorname{ch} y\, dx$ (Element der Abstandslinie), daher

$$ds^2 = \operatorname{ch}^2 y\, dx^2 + dy^2.$$

Führt man endlich Grenzkreiskoordinaten ein, so kann man mit ξ das von P auf einen bestimmten Grenzkreis gefällte Lot bezeichnen. $\xi = 0$ ist ein gegebener etwa nach rechts, der Seite der positiven ξ, konkaver Grenzkreis. Den Abstand des Fußpunktes von ξ und des Anfangspunktes O auf $\xi = 0$ messen wir auf dem Grenzkreis $\xi = 0(\eta)$. η ist positiv zu nehmen für Punkte oberhalb von O, negativ unterhalb. Die Koordinatenlinien bestehen dann aus Grenzkreisen und ihren Achsen, die Verjüngung der Bogen nach rechts ist $e^{-\xi}$. ds ist die Hypotenuse eines rechtwinkligen Dreiecks mit den Katheten $d\xi$ und $e^{-\xi}\, d\eta$, also

$$ds^2 = d\xi^2 + e^{-2\xi}\, d\eta^2. —$$

Die ganze innere Geometrie der hyperbolischen Ebene ist hineingepreßt in die quadratische Differentialform für das Bogenelement — wir haben hier drei Gestalten vorgestellt — und kann wieder herausgeholt werden. In welchen Raum die Fläche, auf welcher die Geometrie gilt, „eingebettet" ist, das ist hierfür nebensächlich, so gleichgültig wie für eine fertige Zeichnung die Art des Aufbewahrens, ob das Papier glattgelegt oder gerollt ist.

§ 19. Drei Zugänge zur hyperbolischen Geometrie.

Wir wollen unsere Kenntnisse jetzt benutzen, um von verschiedenen Seiten her — nur eben nicht von der freien Anschauung, die das Bolyaische Parallelenpostulat als unvermeidliche Folge der Preisgabe des euklidischen sich angeeignet hat — zur hyperbolischen Geometrie zu gelangen.

1. Die imaginäre Kugel. Im rechtwinkligen sphärischen Dreieck mit den Seiten a, b, c, den Gegenwinkeln $\lambda, \mu, \frac{\pi}{2}$ gelten, wenn a, b, c

die wirklichen Längen und R den Radius der Kugel bedeutet, die bekannten Grundformeln, von denen wir hier nur zwei anzuführen brauchen:

$$\sin\frac{a}{R} = \sin\frac{c}{R}\sin\lambda,$$

$$\cos\frac{c}{R} = \cos\frac{a}{R}\cos\frac{b}{R}.$$

Geht man zur imaginären Kugel über vom Radius $R = \sqrt{-1} = i$, ein Sprung, dem zunächst nur eine rechnerische Bedeutung zukommt, während die geometrische Unterlage erst ergänzt werden muß, so kommt (vgl. § 17, Nr. 2, Formel 1′ und 3′)

$$\operatorname{sh} a = \operatorname{sh} c \sin\lambda,$$
$$\operatorname{ch} c = \operatorname{ch} a \operatorname{ch} b$$

und das sind zwei Grundformeln der hyperbolischen Geometrie. Man kann also sagen: Die hyperbolische Geometrie ist die Geometrie auf der Kugel vom Radius $R = \sqrt{-1}$.

Das erkannte Lobatschefskij [1]) und begründete auch von hier aus die hyperbolische Geometrie. Sein Gedankengang ist also der: Die sphärische Trigonometrie ist ein Formelsystem, dessen Bestand gesichert ist, das seine (analytische) Geltung, seine Widerspruchslosigkeit auch dann noch behält, wenn man zum Imaginären übergeht. Dabei entsteht aber wieder ein System von Gleichungen zwischen Größen, die alle gleichzeitig reell sein können, (1′) — (8′), § 17, 3. Hierzu sucht man sich dann die Geometrie und stellt fest, daß sie ganz vernünftig ist, daß z. B. die Summe zweier Seiten eines Dreiecks größer wird als die dritte usw., die Winkelsumme aber kleiner als π. Kurz, man gelangt durch die Formeln hindurch zur Anschauung und stützt sie damit.

Die beiden Pole der Eigenart des menschlichen Geistes, Kühnheit und Schwere, sind gerade bei dieser Betrachtung in Erscheinung getreten. Lambert [2]) vermutete schon um 1766, daß die „dritte Hypothese", Winkelsumme im Dreieck $< \pi$, bei der imaginären Kugel gilt, und viel später hat Taurinus die „Theorie der Parallellinien" auf diesem Weg entwickelt, ohne sich von dem Glauben an die objektive Gültigkeit der euklidischen Geometrie befreien zu können.

2. Die freie Beweglichkeit. Einen andern Zugang erhalten wir — in freier Wiedergabe eines von Gauß angedeuteten [3]) Gedanken-

[1]) N. J. Lobatschefskij, Imaginäre Geometrie (1835). Vgl. die Übersetzung (Abhandlungen zur Geschichte der math. Wissenschaften XIX, Leipzig 1904).

[2]) Vgl. Engel-Stäckel, Parallellinien, S. 145.

[3]) Gauß, Werke VIII, S. 255—257.

gangs — so: Wir fordern freie Beweglichkeit der Figuren. Sind also x und y Abszisse und Ordinate, so muß das Bogenelement jedenfalls die Form haben:

$$ds^2 = f^2(y)\,dx^2 + dy^2,$$

damit Schiebung (mit konstantem y) das Feld in sich überführt, auch muß sein

$$f(y) = f(-y),\quad f(0) = 1,$$

denn im „Unendlichkleinen" soll die euklidische Geometrie gelten, d. h. der pythagoreische Lehrsatz.

Es sei dann

$$x_1 = x + \varepsilon\,\xi(x, y),\quad y_1 = y + \varepsilon\,\eta(x, y)$$

eine „infinitesimale Bewegung", d. h. diese Formeln sollen die Anfangsglieder einer Schar von Transformationen

$$\bar{x}_1 = X(x, y, t),\quad \bar{y}_1 = Y(x, y, t)$$

darstellen, die für einen gewissen Bereich von t, der $t = 0$ einschließt und für $t = 0$ geben soll

$$\bar{x}_1 = x,\quad \bar{y}_1 = y$$

und immer liefern soll

$$d\bar{s}_1^2 = ds^2.$$

Dann muß insbesondere für nach Null konvergierendes t, was durch das Zeichen ε angedeutet ist, sein

$$\begin{aligned} f^2(y_1)\,dx_1^2 + dy_1^2 &= f^2(y + \varepsilon\eta)\,d^2(x + \varepsilon\xi) + d^2(y + \varepsilon\eta) + \cdots \\ &= f^2(y)\,dx^2 + dy^2, \end{aligned}$$

also

$$2\varepsilon\left(\left(f\frac{df}{dy}\eta + f^2\frac{\partial\xi}{\partial x}\right)dx^2 + \left(f^2\frac{\partial\xi}{\partial y} + \frac{\partial\eta}{\partial x}\right)dx\,dy + \frac{\partial\eta}{\partial y}dy^2\right) + \varepsilon^2(\cdots) = 0,$$

unabhängig von $dy : dx$ und für hinreichend kleines, im übrigen beliebiges ε. Man erhält also die drei Differentialgleichungen

$$\frac{df}{dy}\eta + f\frac{\partial\xi}{\partial x} = 0,$$

$$f^2\frac{\partial\xi}{\partial y} + \frac{\partial\eta}{\partial x} = 0,$$

$$\frac{\partial\eta}{\partial y} = 0.$$

η wird also hier eine Funktion von x allein, und wir wollen die Differentialquotienten von η nach x ebenso wie die von f nach y durch Akzente bezeichnen; Verwechselungen sind nicht zu befürchten.

Aus

$$\frac{\partial \xi}{\partial x} = \frac{-f'\eta}{f}, \quad \frac{\partial \xi}{\partial y} = \frac{-\eta'}{f^2}$$

folgt dann wegen

$$\frac{\partial^2 \xi}{\partial x \, \partial y} = \frac{\partial^2 \xi}{\partial y \, \partial x}$$

$$f'' f - f'^2 = \frac{\eta''}{\eta},$$

und da links eine Funktion von y, rechts eine von x steht, müssen beide Seiten konstant sein.

Integration wird am besten hier durch Differentiation geleistet; man erhält:

$$f''' f + f'' f' - 2f'' f' = 0$$

oder

$$\frac{f'''}{f''} - \frac{f'}{f} = 0,$$

also

$$f'' = cf.$$

Man erhält dann, je nachdem c gleich Null, positiv $(+k^2)$ oder negativ $(-k^2)$ gewählt wird mit Rücksicht auf die Nebenbedingungen (f soll eine gerade Funktion sein, die für $y = 0$ zu Eins wird), die drei Fälle

$f = 1$, $\quad ds^2 = dx^2 + dy^2$ (euklidische Feldgeometrie),

$f = \operatorname{ch} \frac{y}{k}$, $\quad ds^2 = \operatorname{ch}^2 \frac{y}{k} dx^2 + dy^2$ (hyperbolische Feldgeometrie),

$f = \cos \frac{y}{k}$, $\quad ds^2 = \cos^2 \frac{y}{k} dx^2 + dy^2$ (sphärische Feldgeometrie).

3. Einbettungen im euklidischen Raum. Das Wort „Feldgeometrie" als Synonym für „innere Geometrie" soll andeuten, daß mit der Schaffung des Bogenelementes noch nicht die äußere Gestalt der Fläche gegeben ist. Das Bogenelement $dx^2 + dy^2$ hat z. B. nicht nur die euklidische Ebene, auch jeder Zylinder, jede Tangentenfläche, jeder Kegel im euklidischen Raum, ja auch jeder Drehzylinder im hyperbolischen Raum (vgl. die Schlußbemerkungen in § 13, Nr. 3) und die Grenzkugel, und nach Bianchi kann man alle Flächen des hyperbolischen Raumes mit euklidischer Feldgeometrie angeben [1]).

Die Flächentheorie lehrt die Flächen konstanten positiven Krümmungsmaßes $(+k^2)$ zu bestimmen, die mit der Kugel vom Radius k die Feldgeometrie gemein haben. (Sind x, y, z rechtwinklige Koordinaten, dann kann man die Kugel so darstellen:

[1]) L. Bianchi, Differentialgeometrie, Leipzig 1899, § 348.

$$x = k \cos \frac{v}{k} \cos \frac{u}{k},$$

$$y = k \cos \frac{v}{k} \sin \frac{u}{k},$$

$$z = k \sin \frac{v}{k},$$

wobei $u : k$ die geographische Länge, $v : k$ die geographische Breite ist, es wird

$$ds^2 = dx^2 + dy^2 + dz^2 = \cos^2 \frac{v}{k}\, du^2 + dv^2.)$$

Ebenso haben die in den euklidischen Raum eingebetteten Flächen konstanten negativen Krümmungsmaßes $(-k^2)$ die innere Geometrie der hyperbolischen Ebene, d. h. das oben angegebene Bogenelement. Für die Einzelheiten verweisen wir auf die einschlägige Literatur.

Merkwürdigerweise hat erst E. Beltrami [1]) und nicht schon Gauß die Flächen konstanten negativen Krümmungsmaßes als Einbettungen der hyperbolischen Ebene im euklidischen Raum erkannt und hingestellt.

Die einfachste „Einbettung" ist die Drehfläche der Tractrix, also die Fläche

$$x = r \cos \varphi,\ y = r \sin \varphi,$$

$$r = e^{-\xi},\ z = \int_0^\xi \sqrt{1 - e^{-2\xi}\, d\xi},$$

$$ds^2 = dr^2 + r^2\, d\varphi^2 + dz^2 = d\xi^2 + e^{-2\xi}\, d\varphi^2.$$

Sie hat eine Rückkehrkante [2]), den Kreis $z = 0, r = 1$, dessen (euklidischer) Radius also gerade die Streckeneinheit der hyperbolischen Ebene, und stellt einen sich mit wachsendem $\pm \xi$ sich verjüngenden Doppeltrichter dar, dessen beide Hälften längs jenes Kreises die xy-Ebene berühren.

Die Meridiane, wie der Vergleich mit § 18 zeigt, also die Kurven $\varphi =$ konstant, entsprechen hyperbolischen Parallelen; das von einem Trichter beherrschte Feld ist nur ein Grenzkreissektor, der über einem Grenzkreisbogen von der Länge 2π ($2k\pi$, wenn die Einheitsstrecke gleich k gesetzt wird) sich aufbaut.

[1]) Saggio di Interpretazione della geometria non-Euclidea (Giornale di Mat. 6, 1868) = Werke I, S. 374—405.

[2]) Vgl. z. B. V. und K. Kommerell, Flächentheorie (Sammlung Schubert XLIV) § 37—39. — Hilbert hat gezeigt, daß alle Flächen konstanten negativen Krümmungsmaßes Singularitäten aufweisen („Grundlagen", Anhang V, S. 237 ff.) und damit eine Vermutung von Helmholtz bestätigt.

§ 20. Weitere Messungen.

Wir haben noch die Messungen (§ 18) zu vervollständigen.

1. Das Flächenelement der Ebene. Wir haben den Ausdruck für das Bogenelement in drei einfachen rechtwinkligen Systemen kennengelernt. Die Flächenelemente entstehen dann als Rechtecke mit den Seiten

$$dr,\ \mathrm{sh}\, r\, d\varphi \text{ (Polarkoordinaten)},$$
$$\mathrm{ch}\, y\, dx,\ dy \text{ (rechtwinklige Koordinaten)},$$
$$d\xi,\ e^{-\xi}\, d\eta \text{ (Grenzkreiskoordinaten)},$$

und für Inhaltsbestimmung von Flächen dienen die drei Doppelintegrale

$$\iint \mathrm{sh}\, r\, dr\, d\varphi,\ \iint \mathrm{ch}\, y\, dx\, dy,\ \iint e^{-\xi}\, d\xi\, d\eta.$$

Bei Koordinatentransformation müssen sie ineinander übergehen unter Verwendung des bekannten Umformungsgesetzes:

$$\iint f(x, y)\, dx\, dy = \iint f(\bar{x}, \bar{y}) \cdot \left(\frac{\partial \bar{x}}{\partial u}\frac{\partial \bar{y}}{\partial v} - \frac{\partial \bar{y}}{\partial u}\frac{\partial \bar{x}}{\partial v}\right) du\, dv,$$

wenn durch

$$x = \bar{x}(u, v),\ y = \bar{y}(u, v)$$

neue unabhängige Veränderliche eingeführt sind.

Diese kleine Probe kann dem Leser überlassen werden, wenn die Grundlage vorliegt, die auch für andere Zwecke wichtigen Formeln für den Koordinatenwechsel.

Am einfachsten ist der Übergang von rechtwinkligen zu Polarkoordinaten. Aus dem rechtwinkligen Dreieck OPX ($OP = r$, $OX = x$, $XP = y$, $\sphericalangle XOP = \varphi$) folgt sofort

$$\mathrm{ch}\, r = \mathrm{ch}\, x\, \mathrm{ch}\, y,$$
$$\mathrm{tang}\, \varphi = \mathrm{th}\, y : \mathrm{sh}\, x.$$

Die Bindung zwischen rechtwinkligen und Grenzkreiskoordinaten liefert eine Figur, die man so wählt, daß die Koordinatenanfänge zusammenfallen und der gemeinsame Mittelpunkt der Grenzkreise $\xi = \text{const.}$ das Ende der $+x$-Achse ist. Durch $P(x, y)$ legt man dann noch den zugehörigen Grenzkreis, der die Achse $y = \eta = 0$ in P_0 schneiden möge, und fällt das Lot $P_0X = Y$.

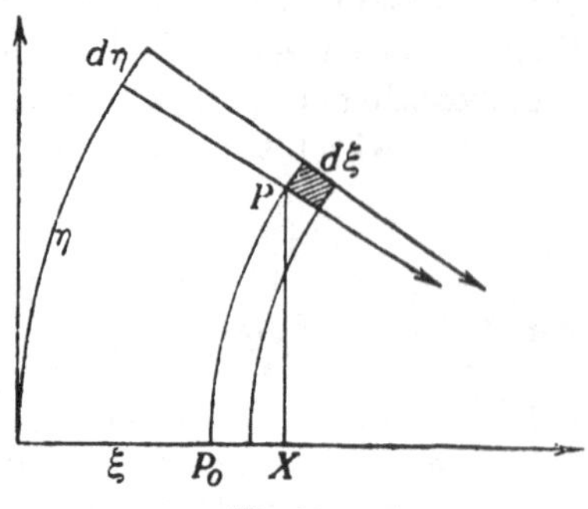

Fig. 29.

Es ist dann

$$(P_0 P) = \eta e^{-\xi} = \mathrm{sh}\, y$$

und aus der Figur folgt noch

$$P_0 X = x - \xi,\ XP = y,$$
$$e^{x-\xi} = \mathrm{ch}\, y.$$

Also ist

$$e^{-\xi} = e^{-x} \operatorname{ch} y,$$
$$\eta = e^{x} \operatorname{th} y.$$

2. Kreise und Dreieck. Der Inhalt eines Kreises vom Radius r wird

$$I(r) = 2\pi \int_0^r dr \operatorname{sh} r = \pi \left(e^{\frac{r}{2}} - e^{-\frac{r}{2}}\right)^2.$$

Der Inhalt eines ebenen Stückes, begrenzt von einem Null-Linienabschnitt der Länge a, den beiden Ordinaten im Anfangs- und Endpunkt und der darüber im Abstand l gezogenen Abstandslinie wird

$$I(a, l) = a \int_0^l \operatorname{ch} y \, dy = a \operatorname{sh} l.$$

Endlich erhält man als Inhalt des Grenzkreissektors, der zum Bogen s gehört,

$$I(s) = \int_0^\infty \int_0^s e^{-\xi} \, d\xi \, d\eta = s. \text{ —}$$

Wie steht es jetzt mit unserer früheren Dreiecksmessung? Wir haben damals nur festgestellt, daß der Inhalt des Dreiecks dem Defekt proportional ist:

$$\Delta ABC = k^2(\pi - \alpha - \beta - \gamma),$$

und sprechen jetzt die naheliegende Vermutung aus — naheliegend, weil wir die „Kugel vom Radius $\sqrt{-1}$" betrachten (§ 19, 1) —, daß diese Konstante gleich Eins ist (hieraus würde dann auch leicht folgen, daß die Formel den Faktor k^2 hat, wenn man die Streckeneinheit gleich k setzt).

Um dies zu bestätigen, betrachten wir das asymptotische Dreieck, dessen Ecken der Punkt 0 und die Enden der $+x$- und $+y$-Achse sind, und zerlegen es durch Grenzkreisbogen. Der schraffierte Sektor rechts hat den Inhalt Eins. Der übrigbleibende Zwickel wird in Streifen zerlegt von der Breite du und der Länge se^u. Dabei ist nach § 17

$$s = 1 - \operatorname{th} t = 1 - \cos \psi$$

und

$$e^u = \operatorname{ch} t = \frac{1}{\sin \psi},$$

so daß man für den Zwickel erhält

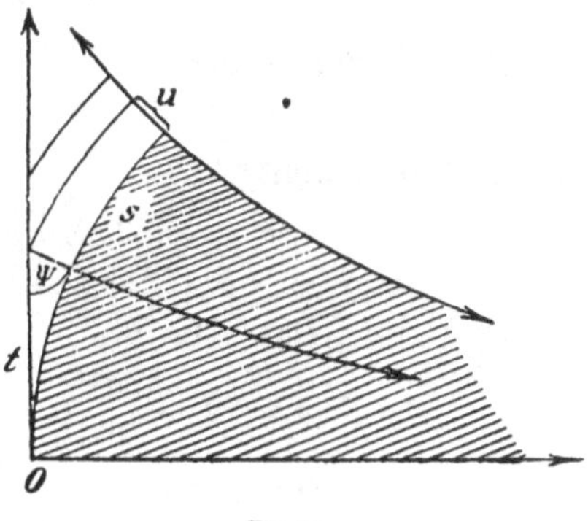

Fig. 30.

$$-\int_{\frac{\pi}{2}}^{0}\frac{(1-\cos\psi)}{\sin^2\psi}\cos\psi\,d\psi=\int_0^{\frac{\pi}{2}}\frac{\cos\psi\,d\psi}{1+\cos\psi}$$

$$=\frac{\pi}{2}-\int_0^{\frac{\pi}{2}}\frac{d\psi}{1+\cos\psi}=\frac{\pi}{2}-1.$$

Für unser asymptotisches Dreieck mit den Winkeln $0, 0, \frac{\pi}{2}$ haben wir also die beiden Inhaltswerte

$$k^2\frac{\pi}{2} \text{ und } \frac{\pi}{2}-1+1=\frac{\pi}{2}$$

zu vergleichen und erhalten in der Tat $k^2 = 1$.

3. Raummessungen. Im Raum wollen wir wieder drei rechtwinklige Systeme betrachten.

Die rechtwinkligen Koordinaten x, y, z stützen sich auf ein rechtwinkliges System in der Ebene und fügen das Lot z auf der xy-Ebene dazu. Das Bogenelement wird dann

$$ds^2 = \operatorname{ch}^2 z(\operatorname{ch}^2 y\,dx^2 + dy^2) + dz^2.$$

Volumelement

$$dV = dx\,dy\,dz\operatorname{ch} y\operatorname{ch}^2 z.$$

Sodann räumliche Polarkoordinaten: $OP = r$, dazu ϑ (geographische Breite) und φ (geographische Länge). Für den Radius ϱ des Parallelkreises erhält man dann

$$\operatorname{sh}\varrho = \operatorname{sh} r\cos\vartheta$$

und hieraus für das Bogenelement

$$ds^2 = dr^2 + \operatorname{sh}^2 r\,d\vartheta^2 + \operatorname{sh}^2 r\cos^2\vartheta\,d\varphi^2.$$

Volumelement

$$dV = dr\,d\vartheta\,d\varphi\operatorname{sh}^2 r\cos\vartheta.$$

Die Oberfläche der Kugel vom Radius a wird

$$F = 4\pi\operatorname{sh}^2 a$$

und ihr Rauminhalt

$$F = 4\pi\int_0^a\operatorname{sh}^2 r\,dr = \pi(\operatorname{sh} 2a - 2a),$$

also für kleine Werte von a

$$F = \pi\left(2a + \frac{8a^3}{6} + \cdots - 2a\right) = \frac{4a^3\pi}{3} + \cdots.$$

Grenzkugelkoordinaten führen wir so ein: Die Grenzkugel $\zeta = 0$, deren Feld ja von der euklidischen Geometrie beherrscht wird, machen wir zur Trägerin eines rechtwinkligen (kartesischen) Koordinatensystems $\xi\eta$ oder auch eines durch

$$\xi = \varrho \cos \varphi, \ \eta = \varrho \sin \varphi$$

damit verknüpften Polarkoordinatensystems. ζ wird auf den Achsen gemessen, positiv nach der inneren Seite der Grenzkugel $\zeta = 0$.

Das Bogenelement wird bestimmt durch

$$ds^2 = e^{-2\zeta} (d\xi^2 + d\eta^2) + d\zeta^2 = e^{-2\zeta} (d\varrho^2 + \varrho^2 d\varphi^2) + d\zeta^2,$$

das Volumelement wird:

$$dV = d\xi \, d\eta \, d\zeta \, e^{-2\zeta} = d\varrho \, d\varphi \, d\zeta \cdot \varrho e^{-2\zeta}.$$

Hieran kann man noch eine Reihe von Integrationen schließen, die zu hübschen Formeln führen, indessen werden wesentlich neue geometrische Einblicke dadurch nicht gewonnen.

Lobatschefskij[1]) hat mit besonderem Erfolg Integrale „umgegossen", d. h. durch verschiedene Arten der Zerschneidung und Ergänzung Inhaltsbestimmungen für denselben Raumteil angegeben, die zu Gleichungen zwischen bestimmten Integralen führen und Zusammenhänge aufdecken, die wohl auf anderem Weg schwer festzustellen wären. Das ist eine in der Anlage weitgreifende Methode, die neben dem mächtigen Hilfsmittel Cauchys — Berechnung bestimmter Integrale durch Verlegung des Integrationsweges ins komplexe Gebiet — ihre Berechtigung hat, aber hier beiseite gelassen werden mag. Damit soll nicht gesagt sein, daß sie schon erschöpft ist.

Viertes Kapitel.

Analytische Geometrie.

§ 21. Weierstraßsche Koordinaten.

1. Einführung. Die analytische Behandlung der Sphärik gewinnt an Einfachheit, wenn man statt der Winkel ϑ (geogr. Breite) und φ (geogr. Länge) die rechtwinkligen Koordinaten

$$x = \cos \vartheta \cos \varphi, \ y = \cos \vartheta \sin \varphi, \ z = \sin \vartheta$$

einführt und sie als homogene Koordinaten verwendet.

Das Gegenstück dazu sind die Weierstraßschen homogenen Koordinaten[2]) für die hyperbolische Ebene.

[1]) Anwendung der imaginären Geometrie auf einige Integrale (1836). Vgl. die oben angeführte Übersetzung.

[2]) Zuerst bekanntgeworden durch W. Killing, Die nichteuklidischen Raumformen in analytischer Behandlung (Leipzig 1885), dann vielfach angewendet.

Man denke sich von P aus die Lote PY und PX auf die Achsen eines rechtwinkligen Systems gefällt. Mit x und y werden dann die hyperbolischen Sinus dieser Lote bezeichnet, mit p der hyperbolische Kosinus von $r = OP$. Der Zusammenhang mit den früheren Polarkoordinaten (r, φ) ist dann gegeben durch

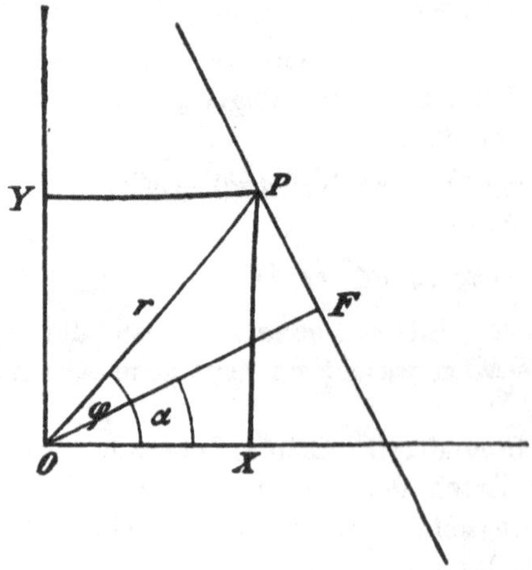

Fig. 31.

$$(1) \quad p = \operatorname{ch} r, \; x = \operatorname{sh} r \cos \varphi, \quad y = \operatorname{sh} r \sin \varphi,$$

also ist

$$(2) \quad p^2 - x^2 - y^2 = 1.$$

Hier kann die Gleichung einer Geraden gleich angeschlossen werden. Es sei $a = OF$ das von O auf die Gerade gefällte Lot, α sein Winkel mit der $+\,x$-Achse, $P(r, \varphi)$ ein Punkt der Geraden. Aus dem rechtwinkligen Dreieck OFP erhält man dann

$$\operatorname{th} a = \operatorname{th} r \cos (\varphi - \alpha).$$

Diese Gleichung kann man schreiben

$$(3) \qquad ux + vy - wp = 0,$$

wobei y, x, p die homogenen Punktkoordinaten sind und die drei Größen

$$(4) \qquad u = \operatorname{ch} a \cos \alpha, \; v = \operatorname{ch} a \sin \alpha, \; w = \operatorname{sh} a$$

$$(u^2 + v^2 - w^2 = 1)$$

gleich als homogene Linienkoordinaten bezeichnet werden mögen; denn sie bestimmen den Winkel α und das Lot $OF = a$.

Wir können hiernach z. B. die Koordinaten der Geraden angeben, die das Ende der $+\,x$-Achse mit dem Ende der $+\,y$-Achse verbindet. Hier ist

$$\alpha = \frac{\pi}{4} = \Pi(a),$$

also

$$\operatorname{ch} a = \frac{1}{\sin \Pi(a)} = \sqrt{2}, \quad \operatorname{sh} a = \cot \Pi(a) = 1, \text{ also}$$

$$u = v = 1 = w.$$

2. **Die Bewegung.** Der rechnerisch einfachste Fall der Bewegung ist die Drehung um den Koordinatenanfang.

Hier wird

$$r_1 = r, \quad \varphi_1 = \varphi + a,$$

wenn a der Drehwinkel ist, also wird

$$\begin{aligned} p_1 &= p, \\ x_1 &= \operatorname{sh} r \cos(\varphi + a) = x \cos a - y \sin a, \\ y_1 &= \operatorname{sh} r \sin(\varphi + a) = x \sin a + y \cos a. \end{aligned}$$

Wir nehmen sodann eine Schiebung vor längs der x-Achse, so daß y ungeändert bleibt, der Fußpunkt X der Ordinate aber um die Strecke a nach rechts wandert. Bezeichnen wir für den Augenblick die Strecke OX mit $\bar{x}$, XP mit $\bar{y}$, so ist

$$p = \operatorname{ch}\bar{x} \operatorname{ch}\bar{y}$$

und

$$\begin{aligned} y &= \operatorname{sh}\bar{y}, \\ x &= \operatorname{sh}\bar{x} \operatorname{ch}\bar{y}. \end{aligned}$$

Setzt man hierin $\bar{x}_1 = \bar{x} + a$, so kommt

$$\begin{aligned} x_1 &= x \operatorname{ch} a + p \operatorname{sh} a, \\ y_1 &= y, \\ p_1 &= x \operatorname{sh} a + p \operatorname{ch} a. \end{aligned}$$

Schließlich mögen die Formeln für eine Paralleldrehung angegeben werden und zwar die „Drehung“ des die y-Achse berührenden, nach rechts konkaven Grenzkreises um seinen Mittelpunkt (vgl. Fig. 29). Eine solche „Grenzdrehung“ ist dadurch festgelegt, daß jeder Punkt dieses Grenzkreises ($\xi = 0, \eta$) nach ($\xi = 0, \eta + c$) übertragen wird. In den Grenzkreiskoordinaten geschrieben, hätte man also einfach

$$\xi_1 = \xi, \quad \eta_1 = \eta + c.$$

Dann ist noch heranzuziehen

$$(1') \qquad y = \operatorname{sh}\bar{y} = \eta e^{-\xi}, \quad e^{\bar{x}} = e^{\xi} \operatorname{ch}\bar{y}$$

und man findet durch elementare Rechnung:

$$\begin{aligned} x &= \tfrac{1}{2} \eta^2 e^{-\xi} + \operatorname{sh}\xi, \\ p &= \tfrac{1}{2} \eta^2 e^{-\xi} + \operatorname{ch}\xi, \end{aligned}$$

daraus dann die Transformation

$$\begin{aligned} x_1 &= \left(1 - \frac{c^2}{2}\right) x + cy + \frac{c^2}{2} p, \\ y_1 &= \quad -cx \quad + y \ + \ cp, \\ p_1 &= \quad -\frac{c^2}{2} x \ + cy + \left(1 + \frac{c^2}{2}\right) p. \end{aligned}$$

Sodann kann man die Formeln für die allgemeinste Bewegung entweder durch Zusammensetzung erhalten oder auf Grund der Feststellung, daß sie durch eine lineare Transformation gegeben ist, bei der

$$x_1^2 + y_1^2 + (ip_1)^2 = x^2 + y^2 + (ip)^2 = 1$$

invariant ist, daß sie also als Drehung einer Kugel (z statt ip) aufgefaßt werden kann. Dies führt auf

$$(5) \qquad \begin{aligned} x_1 &= a_{11}\,x + a_{12}\,y + \frac{a_{13}}{i}(pi), \\ y_1 &= a_{21}\,x + a_{22}\,y + \frac{a_{23}}{i}(pi), \\ ip_1 &= ia_{31}\,x + ia_{32}\,y + a_{33}\,(pi), \end{aligned}$$

wobei dann die Koeffizienten rechts die bekannten Beziehungen zu erfüllen haben, die hier die Gestalt annehmen:

$$(5') \qquad \begin{aligned} a_{11}^2 + a_{12}^2 - a_{13}^2 &= 1, \\ a_{21}^2 + a_{22}^2 - a_{23}^2 &= 1, \\ -a_{31}^2 - a_{32}^2 + a_{33}^2 &= 1 \end{aligned}$$

und

$$(5'') \qquad \begin{aligned} a_{11}\,a_{21} + a_{12}\,a_{22} - a_{13}\,a_{23} &= 0, \\ a_{21}\,a_{31} + a_{22}\,a_{32} - a_{23}\,a_{33} &= 0, \\ a_{31}\,a_{11} + a_{32}\,a_{12} - a_{33}\,a_{13} &= 0. \end{aligned}$$

An unsern drei speziellen Bewegungsarten (Untergruppen) kann dies nachgeprüft werden.

Wie wirkt die Transformation auf die Linienkoordinaten u, v, w? Wenn P auf der Geraden u, v, w liegt, dann liegt P_1 auf u_1, v_1, w_1; also muß sein

$$u_1\,x_1 + v_1\,y_1 + (iw_1)\,(ip_1) = \varrho(ux + vy + (iw)\,(ip)),$$

denn wenn die rechte Seite Null ist, soll auch die linke Null sein. Setzt man hier links die Auflösungen x, y, p der Transformationsgleichungen ein und beachtet, daß dann die entsprechenden Koeffizienten von x_1, y_1, p_1 beiderseits gleich sein müssen, so folgt

$$\begin{aligned} u_1 &= \varrho(a_{11}\,u + a_{12}\,v + a_{13}\,w), \\ v_1 &= \varrho(a_{21}\,u + a_{22}\,v + a_{23}\,w), \\ w_1 &= \varrho(a_{31}\,u + a_{32}\,v + a_{33}\,w), \end{aligned}$$

und aus

$$1 = u_1^2 + v_1^2 - w_1^2 = \varrho^2(u^2 + v^2 - w^2) = \varrho^2 \cdot 1$$

weiter, daß $\varrho = \pm 1$ sein muß. Bei Bewegung (ohne Spiegelung) ist dann das positive Zeichen zu wählen, wie der Fall der Identität ($x_1 = x \ldots w_1 = w$) zeigt. Spiegelung an der x-Achse dagegen liefert

$$x_1 = x, \; y_1 = -y, \; p_1 = p,$$

und

$$u_1 = \operatorname{ch} a \cos(-a) = u, \; v_1 = \operatorname{ch} a \sin(-a) = -v, \; w_1 = \operatorname{sh} a = w,$$

also ist auch hier $+1$ zu nehmen.

3. Die Invarianten und die Kreise. Aus dem Umstand, daß Punktkoordinaten und Linienkoordinaten sich gleich transformieren, folgt jetzt weiter, daß

$$I = c_1 c_1' - a_1 a_1' - b_1 b_1' = cc' - aa' - bb'$$

ist, wobei (c, a, b) und (c', a', b') sowohl Punkt- wie Linienkoordinaten sein können. Dieser Invariante muß also eine geometrische Bedeutung zukommen, genau wie der Invariante

$$xx' + yy' + zz'$$

bei der Kugeldrehung. Die geometrische Bedeutung wird durch Wahl einfacher Lage zum Koordinatensystem erkannt.

Abstand zweier Punkte: Man verlege den einen Punkt in O $(x = 0, y = 0, p = 1)$ und sieht

$$(6) \qquad pp' - xx' - yy' = \operatorname{ch}(PP').$$

Nimmt man Punkt (z. B. wieder O) und Gerade (z. B. $u' = \operatorname{ch} a, v' = 0, w' = \operatorname{sh} a$), so erkennt man, daß allgemein ist

$$(7) \qquad pw' - xu' - yv' = \operatorname{sh}(PF),$$

wobei PF das von P auf die Gerade gefällte Lot bedeutet.

Nimmt man zwei unter dem Winkel α einander schneidende Gerade, etwa $u = 0$, $v = \operatorname{ch} a$, $w = \operatorname{sh} a$ und

$$u' = \operatorname{ch} a \sin \alpha,\ v' = -\operatorname{ch} a \cos \alpha,\ w' = -\operatorname{sh} a \cos \alpha,$$

so erhält man

$$(8) \qquad ww' - uu' - vv' = \cos \alpha = \cos(g, g'),$$

und wenn die Geraden ein gemeinsames Lot haben,

$$\left(\begin{array}{ll}\text{Beispiel:} & u = 0,\ v = \operatorname{sh} a_1,\ w = \operatorname{ch} a_1 \\ & u' = 0,\ v' = \operatorname{sh} a_2,\ w' = \operatorname{ch} a_2\end{array}\right)$$

so erkennt man

$$(9) \qquad ww' - uu' - vv' = \operatorname{ch}(a_2 - a_1),$$

die Invariante bedeutet dann also den hyperbolischen Kosinus des gemeinsamen Lotes.

Danach kann man leicht aufstellen: die Gleichung eines Feldkreises mit dem Mittelpunkt $x_0 y_0 p_0$ und dem Radius a:

$$(pp_0 - xx_0 - yy_0)^2 - \operatorname{ch}^2 a(p^2 - x^2 - y^2)(p_0^2 - x_0^2 - y_0^2) = 0,$$

die Gleichung des Überkreises, beide Zweige der Abstandslinie einbegreifend, die von $(u_0 v_0 w_0)$ den Abstand l haben:

$$(pw_0 - xu_0 - yv_0)^2 - \operatorname{sh}^2 a(p^2 - x^2 - y^2)(u_0^2 + v_0^2 - w_0^2) = 0.$$

Beide Gleichungen haben wir aus später (§ 22, Nr. 3) ersichtlichen Gründen homogen geschrieben.

Des Grenzkreises endlich werden wir so habhaft: Es seien a und α die Polarkoordinaten des dem Punkte O nächstgelegenen Punktes P_0

der Kurve, ihr Mittelpunkt sei das Ende der verlängerten Strecke OP_0. Für den Fall $a = 0$ hat man

$$p - x = e^{-\xi} = e^{-a}.$$

Dazu kommt noch die Drehung um den Winkel a und man erhält

$$p - x \cos a - y \sin a = e^{-a}$$

oder in homogener Form

$$(p - x \cos a - y \sin a)^2 = e^{-2a}(p^2 - x^2 - y^2).$$

Die drei Gleichungen lassen sich so zusammenfassen:

$$(10) \qquad p^2 - x^2 - y^2 = (lx + my - np)^2;$$

daher geben die drei Fälle

$$n^2 - l^2 - m^2 \lesseqgtr 0$$

Feldkreis, Grenzkreis und Überkreis (Abstandslinienpaar).

Schließlich sind noch einige quadratische Differentialformen anzugeben.

Das Bogenelement ist bestimmt durch

$$ds^2 = dr^2 + \operatorname{sh}^2 r\, d\varphi^2.$$

Aus den Beziehungen

$$p = \operatorname{ch} r,\ x = \operatorname{sh} r \sin\varphi,\ y = \operatorname{sh} r \cos\varphi$$

folgt aber

$$dp^2 = \operatorname{sh}^2 r\, dr^2, \qquad dx^2 + dy^2 = \operatorname{ch}^2 r\, dr^2 - \operatorname{sh}^2 r\, d\varphi^2,$$

also kommt

$$ds^2 = dx^2 + dy^2 - dp^2.$$

Den Winkel $d\psi$ zweier benachbarter einander schneidender Geraden finden wir so: es ist

$$\cos \Delta\psi = 1 - \frac{\Delta\psi^2}{2} = w(w + \Delta w) - u(u + \Delta u) - v(v + \Delta v)$$

und außerdem

$$(w + \Delta w)^2 - (u + \Delta u)^2 - (v + \Delta v)^2 = 1 = u^2 + v^2 - w^2.$$

Durch Vereinigung kommt

$$d\psi^2 = du^2 + dv^2 - dw^2$$

und ähnlich, wenn die Geraden ein gemeinsames Lot dq besitzen,

$$dq^2 = dw^2 - du^2 - dv^2.$$

Wenn die quadratische Differentialform gleich Null ist, dann sind die Geraden parallel.

§ 22. Die Cayley-Kleinsche Maßbestimmung.

1. Das Kreisinnere als hyperbolisches Feld. Wir haben früher (§ 15, 4) rein geometrisch eine Abbildung des Feldes der hyper-

bolischen Ebene auf das Innere des Einheitskreises der Grenzkugel konstruiert. Wir können jetzt diese Konstruktion durch Formeln ergänzen und dann an der Hand dieser Formeln den Entwickelungsgang umkehren. Es seien r', φ die Polarkoordinaten des Bildpunktes P' auf der Grenzkugel, der „euklidischen Ebene", von $P(r, \varphi)$ in der Tangentialebene, die die Grenzkugel in O berührt; dann ist

$$r' = \operatorname{th} r,$$

also

$$x' = r' \cos\varphi = \frac{\operatorname{sh} r \cos\varphi}{\operatorname{ch} r} = \frac{x}{p},$$

$$y' = r' \sin\varphi = \frac{\operatorname{sh} r \sin\varphi}{\operatorname{ch} r} = \frac{y}{p}.$$

Wir sind auch damals schon über das „Feld" hinausgegangen. Der Geraden g (als Trägerin eines i-Büschels) wurde dabei schließlich ein Punkt J' außerhalb des Fundamentalkreises der „euklidischen Ebene" zugeordnet. Seine Lage soll jetzt aus dem von O auf g gefällten Lot $q = OF$ (oben mit p bezeichnet) und dem Winkel (φ) von q gegen die x-Achse bestimmt werden. (Vgl. Fig. 32.)

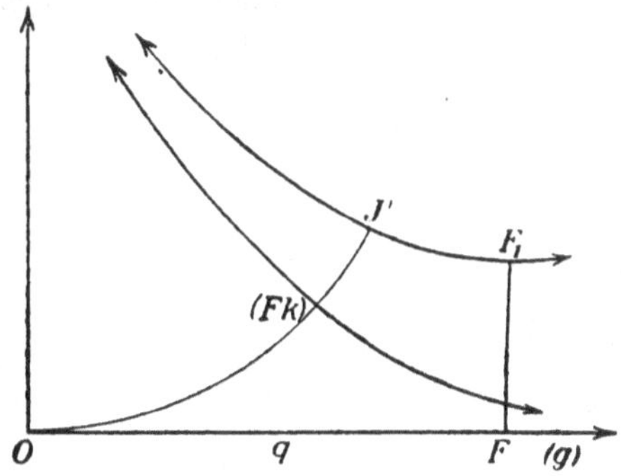

Fig. 32.

Wir müssen das Bild des Zusammenhangs wieder ins Gedächtnis rufen, also das Viereck $MOFF_1(J')$, mit den Winkeln $0, \frac{\pi}{2}, \frac{\pi}{2}, \frac{\pi}{2}$ und dem eingespannten Grenzkreisbogen $(OJ') = r'$ (in unserer jetzigen Bezeichnung). Denkt man sich noch das Lot $t = OT$ von O auf F_1M gefällt, so ist

$$r' = \operatorname{sh} t = \operatorname{sh} q' \cdot \operatorname{ch} q = \operatorname{cth} q.$$

Die Linienkoordinaten unserer Geraden sind

$$w = \operatorname{sh} q, \quad u = \operatorname{ch} q \cos\varphi, \quad v = \operatorname{ch} q \sin\varphi,$$

also ist

$$x' = \operatorname{cth} q \cdot \cos\varphi = \frac{u}{w}, \quad y' = \operatorname{cth} q \sin\varphi = \frac{v}{w}.$$

Zwischen den Punktkoordinaten von P und P' besteht also derselbe Zusammenhang wie zwischen den Linienkoordinaten von g und den Punktkoordinaten des darstellenden Punktes J'.

Lobatschefskij hat, wie früher (§ 19, 1) besprochen, sei es aus logischem Bedürfnis, sei es, um der „Mentalität" anders orientierter Mathematiker entgegenzukommen, sich die Mühe gegeben, aus der „Trigonometrie der imaginären Kugel" die Geometrie der hyperbolischen Ebene aufgebaut.

Entsprechendes soll hier geschehen. Wir stellen uns also grundsätzlich der ganzen schönen Elementargeometrie (Zweites Kapitel) gegenüber „ahnungslos oder ablehnend" — nicht, weil irgendwelchen Zweifeln Berechtigung zukommt, sondern nur um einen neuen Zugang zu gewinnen.

Freilich muß dabei zweierlei verlangt werden: einmal die Fähigkeit, das rechnerisch Gefundene geometrisch wieder zu deuten — also den Weg von der analytisch gefaßten zur synthetischen Geometrie der hyperbolischen Ebene selbständig zu durchlaufen —, und sodann die Kenntnis der projektiven Geometrie [1]).

(Der „Projektiviker" pflegt übrigens nicht selten diesen Rückweg, ich meine die vollständige Durchbildung der Anschauung im Sinne von Männern wie Gauß, J. Bolyai und Lobatschefskij, beiseite zu lassen. Dagegen ist nichts zu sagen, denn Werturteile unterliegen keinem logischen Gesetz. Nur müßte dann vermieden werden, gelegentliche Vorstöße von dieser Seite her für die unumgänglich notwendige Form der Begründung zu halten.)

2. Projektive Gesichtspunkte. Aus unserer analytischen Geometrie übernehmen wir als Ergebnis: Die Bewegungen sind lineare homogene (projektive) Transformationen

$$x_1 = a_{11}x + a_{12}y + a_{13}p,$$
$$y_1 = a_{21}x + a_{22}y + a_{23}p,$$
$$p_1 = a_{31}x + a_{32}y + a_{33}p,$$

mit den angegebenen Bedingungen für die Koeffizienten, wobei

$$x : y : p = x' : y' : 1, \quad x_1 : y_1 : p_1 = x_1' : y_1' : 1$$

homogene (die x', y', x_1', y_1' dagegen gewöhnliche rechtwinklige) Koordinaten sind. Diese Transformationen sind dadurch vollständig gekennzeichnet, daß sie die Punkte des Fundamentalkreises

$$x^2 + y^2 - p^2 = 0 \quad (\text{oder } x'^2 + y'^2 - 1 = 0)$$

wieder in Punkte des Fundamentalkreises überführen.

Die Frage lautet dann umgekehrt: Kann man durch Einführung einer geeigneten Maßbestimmung diese Transformationen umdeuten, als ob sie „Bewegungen" wären?

[1]) Sammlung Schubert XXVII: K. Doehlemann, Die projektiven Transformationen nebst ihren Anwendungen.

Die Antwort kennen wir, müssen uns aber ihren Inhalt neu erobern; wobei man dann, das darf und muß nochmals unterstrichen werden, billigerweise nicht verlangen darf, daß alle Einzelheiten der projektiven Geometrie wieder neu ausgerechnet werden.

Wir setzen eigentlich nicht einmal viel an Kenntnissen voraus, nur daß man mit dem Begriff „Doppelverhältnis" (D. V.) umgehen kann und weiß, daß sowohl das D. V. von vier Punkten einer Geraden wie das D. V. von vier Geraden durch einen Punkt bei projektiven Transformationen ungeändert bleibt, dazu die analytische Geometrie der euklidischen Ebene.

Jetzt werden wir so anknüpfen: Wir betrachten eine Gerade, die zwei Punkte (E_1, E_2) des Fundamentalkreises verbindet und auf ihr zwei Punkte (P_1, P_2) — die Akzente sollen nicht geschrieben werden — und fragen: Kann man die Maßbestimmung so wählen, d. h. kann man eine Funktion $[P_1 P_2]$ der Koordinaten jedes Paares von Feldpunkten ausfindig machen von der Beschaffenheit, daß für drei Punkte einer Geraden gilt

$$[P_1 P_2] + [P_2 P_3] = [P_1 P_3]$$

(Addition der Strecken) und zugleich $[P_1 P_2]$ bei allen „Bewegungen" ungeändert bleibt.

Entsprechend für den Winkel: Kann man zwei Geraden g_1, g_2 durch einen Feldpunkt eine Invariante $\varphi(g_1, g_2)$ zuordnen, so daß für Geraden durch einen Punkt die „additive Winkeleigenschaft" besteht

$$\varphi(g_1, g_2) + \varphi(g_2, g_3) = \varphi(g_1, g_3)$$

und daß die „Winkel"-summe um einen Punkt herum 2π beträgt?

3. Die neuen Maßbestimmungen. Diese neuen Maßbestimmungen müssen irgendwie mit Doppelverhältnissen zusammenhängen und zwar müssen es Funktionen sein, die sich additiv verhalten. Sind E_1, E_2 die Schnittpunkte der Geraden $P_1 P_2$ mit dem Fundamentalkreis, so ist das Doppelverhältnis

$$\mu_{12} = (E_1, E_2;\ P_1 P_2) = \frac{P_1 E_1}{P_2 E_1} : \frac{P_1 E_2}{P_2 E_2}$$

als Invariante heranzuholen. Für drei Punkte einer Geraden hat man dann

$$\mu_{12} \cdot \mu_{23} = \mu_{13}$$

und man wird nehmen

$$[P_1 P_2] = c \log \mu_{12},$$

um

$$[P_1 P_2] + [P_2 P_3] = [P_1 P_3]$$

zu erzwingen. Die Konstante c kann noch frei gewählt werden.

Und nun nach diesem Hinweis die Berechnung!

Die rechtwinkligen Koordinaten von E_1 und E_2 seien gegeben durch

$$\bar{x}_1 : \bar{y}_1 : 1 = x_1 + \lambda_1 x_2 : y_1 + \lambda_1 y_2 : p_1 + \lambda_1 p_2,$$
$$\bar{x}_2 : \bar{y}_2 : 1 = x_1 + \lambda_2 x_2 : y_1 + \lambda_2 y_2 : p_1 + \lambda_2 p_2,$$

dann ist

$$\frac{P_1 E_1}{P_2 E_1} = \frac{\dfrac{x_1 + \lambda_1 x_2}{p_1 + \lambda_1 p_2} - \dfrac{x_1}{p_1}}{\dfrac{x_1 + \lambda_1 x_2}{p_1 + \lambda_1 p_2} - \dfrac{x_2}{p_2}} = -\lambda_1,$$

daher

$$\mu_{12} = \lambda_1 : \lambda_2.$$

λ_1 und λ_2 sind aus der Bedingung zu berechnen, daß E_1 und E_2 auf dem Fundamentalkreis liegen, also aus der quadratischen Gleichung

$$(x_1 + \lambda x_2)^2 + (y_1 + \lambda y_2)^2 - (p_1 + \lambda p_2)^2 = 0$$

oder

$$k_{11} + 2\lambda k_{12} + \lambda^2 k_{22} = 0,$$

wobei gesetzt ist

$$k_{mn} = p_m p_n - x_m x_n - y_m y_n.$$

Es wird dann

$$\frac{1}{2} \log \mu_{12} = \frac{1}{2} \lg \frac{\lambda_1}{\lambda_2}$$

und

$$(11)\quad \mathrm{ch}\left(\frac{1}{2} \lg \mu_{12}\right) = \frac{1}{2}\left(\sqrt{\frac{\lambda_1}{\lambda_2}} + \sqrt{\frac{\lambda_2}{\lambda_1}}\right) = \frac{k_{12}}{\sqrt{k_{11} k_{22}}} = \frac{p_1 p_2 - x_1 x_2 - y_1 y_2}{\sqrt{p_1^2 - x_1^2 - y_1^2}\sqrt{p_2^2 - x_2^2 - \dots}}$$

Demgemäß wählen wir $c = \frac{1}{2}$.
Dann genügt

$$[P_1 P_2] = \tfrac{1}{2} \log \mu_{12}$$

der additiven Bedingung und man erhält genau die früher mit Hilfe der Weierstraßschen Koordinaten berechnete Entfernung.

Es folgt das Winkelmaß. Will man durch den Schnittpunkt zweier Feldgeraden

$$g_1)\quad u_1 x + v_1 y - w_1 p = 0,$$
$$g_2)\quad u_2 x + v_2 y - w_2 p = 0$$

die (imaginären) Tangenten (t_1, t_2) an den Fundamentalkreis legen, so hat man ihre Linienkoordinaten aus

$$(u_1 + \lambda u_2)^2 + (v_1 + \lambda v_2)^2 - (w_1 + \lambda w_2)^2 = 0$$

zu bestimmen und es ist das Doppelverhältnis

$$(t_1 t_2;\ g_1, g_2) = \frac{\lambda_1}{\lambda_2} = \nu_{12}.$$

Man findet dann durch entsprechende Rechnung wie bei der „Strecken"berechnung:

$$(11') \qquad \cos\left(\frac{1}{2i}\log r_{12}\right) = \frac{w_1 w_2 - u_1 u_2 - v_1 v_2}{\sqrt{w_1^2 - u_1^2 - v_1^2}\sqrt{w_2^2 - u_2^2 - v_2^2}}$$

und dieses Winkelmaß genügt allen Anforderungen; es ist

$$[g_1 g_2] + [g_2 g_3] = [g_1 g_3],$$
$$[g_1 g_2] + [g_2 g_3] \cdots + [g_n g_1] = 2\pi.$$

Wir haben den Satz: Ersetzt man die euklidische Maßbestimmung

$$P_1 P_2 = \sqrt{\left(\frac{x_1}{p_1} - \frac{x_2}{p_2}\right)^2 + \left(\frac{y_1}{p_1} - \frac{y_2}{p_2}\right)^2},$$
$$\cos\varphi = \frac{u_1 u_2 + v_1 v_2}{\sqrt{u_1^2 + v_1^2}\sqrt{u_2^2 + v_2^2}}$$

durch die hyperbolische

$$(12) \qquad \begin{aligned} [P_1 P_2] &= \frac{1}{2}\log(E_1 E_2;\ P_1 P_2), \\ [g_1 g_2] &= \frac{1}{2i}\log(t_1 t_2;\ g_1 g_2), \end{aligned}$$

so erhält man ein getreues Abbild der hyperbolischen Ebene.

Die Punkte im Innern des Fundamentalkreises

$$x^2 + y^2 - p^2 = 0$$

sind die „Feldpunkte", Gerade sind „Gerade". „Orthogonalität", also die Bedingung

$$u_1 u_2 + v_1 v_2 - w_1 w_2 = 0,$$

ist die Bedingung, daß die Geraden konjugiert sind, d. h. daß jede den Pol der andern in bezug auf den Fundamentalkreis enthält usw. Wir erwähnen noch, daß $u : v : w$ die homogenen Punktkoordinaten des Poles J' der Geraden (u, v, w) in bezug auf den Fundamentalkreis sind, was der Leser sofort sieht.

4. Nochmals „Bewegung" und „Kreis". Es wird nützlich sein, nochmals die Formeln für die „Bewegungen" von anderer Seite her abzuleiten. Die Forderung lautet: Alle projektiven Transformationen anzugeben, die den Fundamentalkreis auf sich selbst abbilden.

Seine Punkte (E) kann man so darstellen:

$$x : y : p = 2t : (1 - t^2) : (1 + t^2),$$

denn dies gibt

$$x^2 + y^2 - p^2 = 0.$$

Bei der projektiven Transformation aber werden die E linear einander zugeordnet, also muß die Beziehung

$$t_1 = \frac{at + b}{ct + d}$$

die gesuchten „Bewegungen“ erzeugen. Dabei kann ohne wesentliche Einschränkung vorausgesetzt werden

$$ad - bc = 1.$$

Wir müssen dann aus

$$x_1 : y_1 : p_1 = (1 - t_1^2) : 2t_1 : (1 + t_1^2)$$

auch die allgemeinen, nicht auf Punkte des Fundamentalkreises beschränkten Formeln finden. Diese Formeln geben

$$\begin{aligned} x_1 : y_1 : p_1 = {} & d^2 - b^2 + 2(cd - ab)\,t + (c^2 - a^2)\,t^2 \\ (13) \qquad : {} & 2bd + 2(bc + ad)\,t + 2ac\,t^2 \\ : {} & d^2 + b^2 + 2(cd + ab)\,t + (a^2 + c^2)\,t^2. \end{aligned}$$

Dann ist zu verlangen, daß die Koeffizienten von t^0, t, t^2 rechterhand proportional sind zu den entsprechenden in

$$(1 + t^2)(a_{11}x + a_{12}y + a_{13}p) = a_{11}(1 - t^2) + 2a_{12}t + a_{13}(1 + t^2).$$

Man kann also beispielsweise setzen

$$d^2 - b^2 = a_{11} + a_{13}, \quad a^2 - c^2 = a_{11} - a_{13}, \quad cd - ab = a_{12}$$

und erhält

$$a_{11}^2 + a_{12}^2 - a_{13}^2 = (d^2 - b^2)(a^2 - c^2) + (cd - ab)^2 = (ad - bc)^2 = 1$$

und so fort, und stellt fest, daß die „hyperbolischen Orthogonalitätsrelationen“ (5′, 5″ § 21, 2) erfüllt sind.

Die (dreigliedrige) Gruppe der Transformationen der Feldpunkte, die „Bewegungen“, sind damit an die dreigliedrige Gruppe des Parameters (t) angeschlossen, und es braucht nun wohl nicht mehr hier im einzelnen vorgerechnet zu werden, wie die oben erwähnten eingliedrigen Untergruppen (hyperbolische Drehung um einen Feldpunkt, Schiebung längs einer Geraden, Grenzdrehung um ein Ende E) zur Erscheinung kommen. Sie wachsen heraus aus eingliedrigen Untergruppen von (13), wobei einmal die festen Doppelpunkte der Transformation in t konjugiert imaginär, dann beide reell sind (Schnittpunkte der Schiebungsachse mit dem Fundamentalkreis), endlich zusammenfallen; die Gleichung zur Bestimmung der beiden „Fixpunkte“ ist

$$ct^2 + t(d - a) - b = 0.$$

Hierher gehört auch die Kennzeichnung der „Kreise“. Ihre gemeinsame Gleichung ist (10, § 21, 3)

$$p^2 - x^2 - y^2 = k(lx + my - np)^2$$

und das sind, wie aus der analytischen Geometrie bekannt, Kegelschnitte, die den Fundamentalkreis in den beiden Punkten berühren, wo er von der Geraden

$$lx + my - np = 0,$$

also der Polare von

$$x_0 : y_0 : p_0 = l : m : n,$$

geschnitten wird. Beim Feldkreis liegt dieser „Mittelpunkt" innerhalb des Fundamentalkreises, beim Grenzkreis darauf, beim „Überkreis" außerhalb, über die Lage entscheidet das Vorzeichen von $l^2 + m^2 - n^2$.

§ 23. Ausbau und tiefere Begründung nach F. Klein.

Wir gehen noch einen Schritt weiter im Ausbau und zeigen den Gewinn, den die „Maßbestimmung" bringen kann. Sodann zeigen wir, welche grundlegende Bedeutung F. Kleins einschlägigen Arbeiten (im Gegensatz zu denen Cayleys) zukommt.

1. Die Kegelschnitte der hyperbolischen Geometrie[1]). Die allgemeinste Definition der Kegelschnitte in der euklidischen Ebene kann so gefaßt werden: Gegeben sind zwei Kreise, von denen auch einer in eine Gerade ausarten darf. Ein Punkt, der von diesen Kreisen gleichen Abstand hat, beschreibt einen Kegelschnitt. Dies übertragen wir, wobei wir uns vorerst der Vorstellungsweise der hyperbolischen Elementargeometrie bedienen. (Man könnte auch von den ebenen Schnitten von „Drehkegeln" im hyperbolischen Raum ausgehen, hätte dann darauf zu achten, daß keiner vergessen wird!)

Einige Beispiele rechnen wir durch:

Gleicher Abstand von zwei Feldkreisen kann auf Ellipse (Abstandssumme von zwei Punkten konstant) oder Hyperbel (Differenz der Abstände von zwei festen Punkten konstant) hinauskommen. Berechnen wir einmal die Ellipsengleichung. Die Brennpunkte seien $P_1(x_1, y_1, p_1)$ und $P_2(x_2, y_2, p_2)$. Hier wird also verlangt

$$r_1 + r_2 = 2a,$$

dabei ist

$$\operatorname{ch} r_1 = pp_1 - xx_1 - yy_1,$$
$$\operatorname{ch} r_2 = pp_2 - xx_2 - yy_2,$$

wenn man die homogenen Koordinaten so normiert hat, daß

$$p^2 - x^2 - y^2 = p_1^2 - x_1^2 - y_1^2 = p_2^2 - x_2^2 - y_2^2 = 1$$

ist.

Um die Rechnung abzukürzen, schreiben wir vorübergehend

$$\operatorname{ch} r_1 = t_1, \ \operatorname{sh} r_1 = t_1',$$
$$\operatorname{ch} r_2 = t_2, \ \operatorname{sh} r_2 = t_2'$$

[1]) Eine sehr ausführliche Behandlung der Kegelschnitte findet sich z. B. in Kap. XII von I. L. Coolidge, The elements of non-euclidean geometry, Oxford 1909.

und erhalten

$$t_2 = \operatorname{ch}(2a - r_1) = t_1 \operatorname{ch} 2a - t_1' \operatorname{sh} 2a$$

oder

$$t_1' \operatorname{sh} 2a = t_1 \operatorname{ch} 2a - t_2,$$

also

$$(t_1^2 - 1) \operatorname{sh}^2 2a = t_1^2 \operatorname{ch}^2 2a + t_2^2 - 2t_1 t_2 \operatorname{ch} 2a$$

und schließlich

$$\begin{aligned} &(pp_1 - xx_1 - yy_1)^2 + (pp_2 - xx_2 - yy_2)^2 \\ (14) \qquad &- 2 \operatorname{ch} 2a(pp_1 - xx_1 - yy_1)(pp_2 - xx_2 - yy_2) \\ &+ \operatorname{sh}^2 2a(p^2 - x^2 - y^2) = 0, \end{aligned}$$

also eine homogene Gleichung zweiten Grades in den x, y, p.

Ähnlich wird die Rechnung für alle Kegelschnitte, deren Brennpunkte nicht auf dem Fundamentalkreise liegen. Man erhält so eine ganze Anzahl „Hyperbeln", aber nur eine „Ellipse".

Noch zahlreicher werden die „Parabeltypen".

Um zu ihnen überzugehen, muß man erst den Abstand u des Punktes $P(x_1, y_1, p_1)$ vom Grenzkreis (§ 21, Nr. 3)

$$p^2 - x^2 - y^2 = e^{2a}(p - x \cos \alpha - y \sin \alpha)^2$$

berechnen. Zu dem Zweck bestimmen wir den hierzu konzentrischen Grenzkreis

$$p - x \cos \alpha - y \sin \alpha = e^{-v}$$

so, daß er $P(x_1, y_1, p_1)$ enthält. Der Abstand der beiden Grenzkreise ist zugleich der Abstand des Punktes P_1 vom ersten Grenzkreis; es ist also nur der Abstand $S_1 S = u$ der Schnittpunkte der durch Koordinatenanfang gelegten gemeinsamen Achse mit den Grenzkreisen zu berechnen:

$$S_1 S = v - a = u.$$

Der Abstand u eines Punktes $P(x, y, p)$ vom Grenzkreis ist also gegeben durch

$$e^u = e^{v-a} = \frac{e^{-a}}{p - x \cos \alpha - y \sin \alpha}.$$

Hiernach lautet z. B. die Gleichung des geometrischen Ortes eines Punktes $P(x, y, p)$, der von zwei Grenzkreisen (a_1, α_1) und (a_2, α_2) Abstände u_1, u_2 hat, deren Summe konstant ist (gleich $2b$):

$$e^{a_1 + a_2 + 2b}(p^2 - x^2 - y^2) - (p - x \cos \alpha_1 - y \sin \alpha_1)(p - x \cos \alpha_2 - y \sin \alpha_2) = 0,$$

ist also wieder homogen vom zweiten Grad.

2. Vereinfachte Kegelschnittlehre. Der „Kegelschnitt" wird, wie wir aus Nr. 1 entnehmen, allgemein dargestellt durch eine homogene Gleichung zweiten Grades, ist also auch ein Kegelschnitt in der Ebene. Man braucht also nur die Kegelschnitte hinsichtlich ihrer Lage zum Fundamentalkreis zu betrachten, um die Systematik zu bekommen.

Da treten denn zunächst „Feldkegelschnitte" auf und zwar

1) Ellipse (ganz innerhalb Fk.),
2) Hyperbel mit äußerem Mittelpunkt, gegen ihn konvex (Hyperbel, deren beide Äste vom Fk. je zweimal geschnitten werden),
3) Hyperbel mit innerem Mittelpunkt (Ellipse, die Fk. in vier reellen Punkten schneidet, oder auch Hyperbel, wenn der eine Ast den Fk. viermal reell schneidet),
4) Semihyperbel (Kegelschnitt der mit Fk. zwei getrennte reelle Punkte gemein hat).

Hieraus entstehen durch Grenzübergang vier Parabelarten:

5) Elliptische Parabel (K. berührt den Fk., hat sonst keine reellen Punkte mit ihm gemein),
6) Hyperbolische einteilige Parabel mit äußerem Ende (Grenzfall von 2) und 4)),
7) Hyperbolische zweiteilige Parabel mit innerem Ende (Grenzfall von 3) und 4)),
8) Semizirkulare Parabel (drei Schnittpunkte von K. und Fk. fallen zusammen).

Man kann auch die bekannten Sätze von Pascal und Brianchon übertragen, man kann die Gegenstücke zu den Leitlinien gewinnen usw. Das alles führt hier zu weit; nur die Brennpunkte mögen noch projektiv charakterisiert werden.

Die Ellipsengleichung wird, wenn man die Brennpunkte

$$P_1(f, 0, \sqrt{1+f^2}),\ P_2(-f, 0, \sqrt{1+f^2})$$

wählt und

$$\operatorname{sh}\left(\frac{r_1+r_2}{2}\right) = a$$

vorschreibt,

$$E(x, y) \equiv \frac{x^2}{a^2} + \frac{y^2}{a^2 - f^2} - \frac{p^2}{1+a^2} = 0.$$

Es folgt dann aus

$$(a^2 - f^2)\,E(x, y) + a^2(1 + a^2)\left[\frac{yf}{a^2} - p\,\frac{\sqrt{1+f^2}}{1+a^2}\right]^2$$
$$\equiv (x\sqrt{1+f^2} - fp)^2 + y^2,$$

worin

$$[\ \ ] = 0$$

die Gleichung der Polare von P_1 in bezug auf den Fk. bedeutet und rechts die Gleichung des (imaginären) von P_1 an den Fk. gelegten Tangentenpaares steht, daß P_1 (der Brennpunkt) Schnittpunkt gemeinsamer Tangenten an den Kegelschnitt und den Fk. ist.

Die Systematik ist insofern nicht vollständig, als nun noch Kegelschnitte zu berücksichtigen wären, die ihrem ganzen Verlaufe nach außerhalb des Fk. liegen. Ihre Tangenten umhüllen dann keine Feldkurve.

Hierher gehören die Kegelschnitte, die den Fk. in zwei getrennten reellen Punkten, in zwei zusammenfallenden und in zwei konjugiert imaginären Punkten berühren und die, da sie entsprechend bei den drei charakterisierten eingliedrigen Bewegungsgruppen in sich übergehen, leicht erkannt werden können. Man drehe jeweils die Tangenten eines Kreises (Feldkreis, Überkreis, Grenzkreis) um den Berührungspunkt; der Drehwinkel ist für alle Tangenten gleich zu wählen und so, daß die Geraden nach der Drehung keine Hüllkurve im Feld besitzen (nullteilige Kreise).

3. Das Fundament der projektiven Maßbestimmung (F. Klein). Die bisherigen Entwickelungen zeigen, wie man die projektive Gruppe (13 § 22, 4) des Fk. als hyperbolische Bewegung deuten kann. Sie lassen sich nochmals verallgemeinern. Statt des Fundamentalkreises kann man einen Fundamentalkegelschnitt nehmen, Entfernung und Winkel sind dann genau so (vgl. 12, § 22, 4) durch

$$[P_1 P_2] = \frac{1}{2} \log (E_1 E_2;\ P_1 P_2),$$

$$\varphi = \sphericalangle (g_1, g_2) = \frac{1}{2i} \log (t_1, t_2;\ g_1, g_2)$$

einzuführen, unter E_1 und E_2 sind die Schnittpunkte der Geraden $(P_1 P_2)$ mit dem, unter t_1, t_2 die durch den Schnittpunkt (g_1, g_2) an den Fundamentalkegelschnitt gelegten Tangenten zu verstehen. Das „Feld“ ist das Gebiet, von dessen Punkten aus keine reellen Tangenten gezogen werden können.

A. Cayley ist trotz aller formalen Eleganz seiner Entwickelungen nicht so weit gekommen, auf diesem Wege einen Zugang zur hyperbolischen Geometrie zu finden. Ein Hindernis bestand darin, daß er die geeignete Konstantenwahl $\left(\text{die Faktoren } \frac{1}{2} \text{ und } \frac{1}{2i}\right)$ übersah; doch das war nicht die Hauptsache.

Tiefer lag ein anderes Hindernis, die Auffassung nämlich, daß die projektive Maßbestimmung in eine euklidische Ebene hineingestopft und damit auf die euklidische Geometrie gestützt sei.

Das ist gewiß richtig, solange man sich an den Buchstaben hält.

F. Klein hat diesem Buchstaben den Geist eingehaucht[1]. Er hat nämlich gezeigt, daß man, um die „Maßbestimmung“ zu gewinnen, weder die euklidische Geometrie noch sonst eine Geometrie braucht, die

---

[1]) F. Klein, Über die sogenannte Nicht-Euklidische Geometrie. Math. Ann. IV (1871), S. 573-625; VI (1873), S. 112-145. — Gesammelte Abhandlungen I (1921), S. 255-305, 310-343 und besonders S. 375-379.

sich auf die Vorstellung der „Bewegung" stützt, der Notwendigkeit, eine Strecke „unverändert" herumzutragen.

Die Ebene liegt fest, die Geraden auf ihr auch, sind sozusagen lediglich Visierlinien, gröber gesprochen, auf einer Stahlplatte mit dem Stichel eingegrabene Linien. Für Punkte und Gerade gelten die Axiome der Anordnung und Verknüpfung. Schließlich werden „Feldpunkte, Endpunkte, Überpunkte" gar nicht geschieden. Woran soll dann aber erkannt werden, ob drei Gerade durch einen Punkt gehen?

Das geschieht mit Hilfe des Desarguesschen Satzes von den perspektivischen Dreiecken: Die drei Geraden g_1 (durch $A_1 B_1$), g_2 (durch $A_2 B_2$), g_3 (durch $A_3 B_3$) gehen durch einen Punkt, wenn die Schnittpunkte der Geraden: $A_1 A_2$ und $B_1 B_2$, $B_1 B_2$ und $C_1 C_2$, $C_1 C_2$ und $A_1 A_2$ auf einer Geraden liegen.

Da bleiben dann noch zwei Fragen:

Erstens: Woher nimmt man das Recht, den Desarguesschen Lehrsatz zu verwenden?

Zweitens: Wie gelangt man mit seiner Hilfe von einer reinen „Visiergeometrie" zu einer „Maßbestimmung"?

Wir greifen die zweite Frage zuerst auf: Visieren gibt zwar eine Anordnung, eine Zählung, sagen wir „Ordinalzahlen", aber keine Gleichheit, kein Vervielfachen, keine „Kardinalzahlen".

Nun ein Rückblick auf die kartesische Koordinatengeometrie: Wenn es hier gelingt, die doch zunächst als „Kardinalzahlen" gedachten rechtwinkligen Punktkoordinaten x, y zu deuten als „Ordinalzahlen", dann ist viel gewonnen; dann gewinnen wir die „Entfernung". Dann können wir die Formeln anwenden:

$$[P_1 P_2] = \sqrt{(x_2 - x_1)^2 + (y_2 - y_1)^2}$$

oder

$$[P_1 P_2] = \frac{1}{2} \log (E_1 E_2;\ P_1 P_2),$$

und dann ist für drei Punkte einer Geraden

$$[P_1 P_2] + [P_2 P_3] = [P_1 P_3],$$

dann ist auch „Streckengleichheit" nicht mehr eine Transportaufgabe, sondern eine „Visierkonstruktion", die auf dem Reißbrett ohne Zirkel, allein mit dem Lineal ausgeführt werden kann.

Diese „Doppelnumerierung" wird in allgemeinster Form durch das Möbiussche Netz geleistet, den „projektiven Extrakt" — ich sage nicht: der „Verallgemeinerung" — einer im rechtwinkligen kartesischen System gezeichneten Figur.

Vier Punkte, von denen nicht drei auf einer Geraden liegen, seien mit $P(0, 0)$, $P(1, 0)$, $P(0, 1)$, $P(1, 1)$ bezeichnet, der Schnittpunkt der

Geraden

$$(P(0,0),\ P(1,0)),\ (P(0,1),\ P(1,1)) \text{ mit } X_\infty,$$

der von $(P(0,0),\ P(0,1)),\ (P(0,1),\ P(1,1))$ mit Y_∞.

Dann schneidet man die Gerade

$$g_\infty(X_\infty,\ Y_\infty)$$

mit

$$(P(0,0),\ P(1,1)) \ldots\ R_\infty,$$
$$(P(1,0),\ P(0,1)) \ldots\ L_\infty.$$

Der Schnittpunkt dieser beiden Diagonalen selber wird mit $P(\frac{1}{2}, \frac{1}{2})$ bezeichnet. Es ist dann weiter $P(2,0)$ der Schnittpunkt von $(P(0,0), P(0,1))$, der „x-Achse", mit der Geraden $L_\infty, P(1,1)$, ferner $P(2,1)$ der Schnittpunkt von $P(1,0), R_\infty$ mit der Geraden $(P(0,1), P(1,1))$, endlich $P(\frac{3}{2}, \frac{1}{2})$ der Schnittpunkt von $(P(1,0), P(2,1))$ mit $(P(1,1), P(2,0))$.

Auf diese Weise bekommt man die „Netzpunkte"

$$P(x, y),$$

wobei x und y rationale Brüche mit Nennern von der Form $2^{n_1}, 2^{n_2}$ sind.

Zum Abschluß dieser „projektiven" Zählweise sind noch zwei Elemente notwendig. Einmal müssen auch die Punkte „nummeriert" werden, die keine Knoten des beliebig weit und beliebig eng fortgesetzten Netzes sind. Man braucht also einer Art „Vollständigkeitsaxiom" als Fassung der Vorstellung, die die Verengerung der Netzmaschen gibt — und das ist schon in der euklidiscnen Geometrie notwendig, wenn es sich nur um ein quadratisches Netz handelt. Außerdem aber muß gezeigt werden, daß die Konstruktionsmöglichkeiten eindeutig sind.

Man kann beispielsweise, und damit hatten wir angefangen, von dem ursprünglichen Viereck und den Punkten X_∞, Y_∞, R_∞, L_∞ ausgehend konstruieren $P(2,0)$, $P(2,1)$; $P(3,0)$, $P(3,1)\ldots$, $P(n,0)$, $P(n,1)\ldots$ usw. Die Diagonalschnittpunkte der Viereckskette sind dann $P(\frac{1}{2}, \frac{1}{2})$, $P(\frac{3}{2}, \frac{1}{2})$, $P(\frac{5}{2}, \frac{1}{2})\ldots$. Aber dann muß noch gezeigt werden, daß sie alle auf der Geraden liegen, die $P(\frac{1}{2}, \frac{1}{2})$ mit X_∞ verbindet.

Das ist Sache der projektiven „Visierliniengeometrie", der „Geometrie der Lage" und wird daselbst gezeigt.

4. Die Stellung des Desarguesschen Lehrsatzes. Aus der projektiven Geometrie ist bekannt, daß man die Eigenschaften des Möbiusschen Netzes mit Hilfe des Desarguesschen Lehrsatzes und seiner Umkehrung beweist.

Diesen Satz aber kann man auf Grund der Anordnungs- und Verknüpfungsaxiome allein nicht beweisen, man braucht dazu räumliche Konstruktionen.

Klein hat ihn daher für die Ebene als Postulat ausgesprochen und wir wollen hier ein Beispiel einer „Ausfallgeometrie" mitteilen, einer

Geometrie, bei der der Desarguessche Satz „ausfällt". Die Axiomatik hat, das lag in der Richtung, die ihre Entwickelung seit Klein und Pasch namentlich unter Hilberts Leitung nahm, viele „Ausfallgeometrien" konstruiert, um die Unabhängigkeit einzelner Axiome oder Axiomgruppen von anderen zu zeigen (vgl. § 2, Nr. 3).

Hier soll eine solche nach H. Mohrmann[1]) besprochen werden. In die euklidische Ebene wird ein „Fenster" geschnitten, z. B. das Quadrat mit den Eckpunkten $P(0, 0)$, $P(1, 0)$, $P(0, 1)$, $P(1, 1)$. „Gerade" ist jede horizontale und vertikale Gerade (x oder y konstant), dann auch alle geneigten Geraden, die das Fenster nicht durchdringen. Trifft eine Gerade das Fenster, schneidet sie also das Quadrat in zwei Punkten S_1, S_2, so ist das euklidische (gerade) Verbindungsstück $S_1 S_2$ zu löschen und zu ersetzen durch den Bogen einer Parabel

$$y^2 = ax + b.$$

Für a und b ergeben sich bestimmte jeweils endliche Werte, die aus den Koordinaten von S_1 und S_2 zu berechnen sind. Die Anordnungsaxiome sind auf allen „Geraden" erfüllt. Außerdem haben zwei derartige Parabelstücke $(S_1 S_2)$ $(S_3 S_4)$ im Innern des Fensters entweder keinen oder nur einen gemeinsamen Punkt. Im ersten Fall schneiden die äußeren geraden Fortsetzungen einander in ein einem außen gelegenen Punkt, im zweiten aber haben die Sehnen $S_1 S_2$, $S_3 S_4$ einen Schnittpunkt innerhalb des Fensters, daher keinen außerhalb. Demnach haben zwei „Gerade" immer einen und nur einen Punkt gemein. Umgekehrt kann man die Verbindungs-„Gerade" zweier Punkte stets eindeutig konstruieren.

Wenn man aber jetzt die „Diagonalen"

$$P(0, 0),\ P(1, 1),$$
$$P(1, 0),\ P(0, 1)$$

zieht, so wird der Schnittpunkt

$$x = \frac{1}{2},\ y = \frac{1}{\sqrt{2}} > \frac{1}{2}.$$

Die Forderung also, daß die Diagonalen aller Vierecke

$$(n, 1)\ (n, 0)\ (n + 1, 1)\ (n + 1, 0)$$

auf der Geraden $y = \frac{1}{2}$ liegen sollten, ist hier verletzt, wir haben eine Geometrie ohne Desarguesschen Lehrsatz.

Hiermit ist die Notwendigkeit erkannt, ihn mit Klein wirklich als Axiom oder Postulat auszusprechen, wenn man zur projektiven Maßbestimmung gelangen will.

---

[1]) Hilbertsche und Beltramische Liniensysteme. Ein Beitrag zur Nicht-Desarguesschen Geometrie. Festschrift zu D. Hilberts 60. Geburtstage (Berlin 1922), S. 177-183.

A. Cayley[1]) ist in den wahren Sachverhalt nie völlig eingedrungen, weil es in der Tat nicht ganz einfach ist, die neue Gedankenfolge in ihrem Wesen („Ordinalzahl, nicht Kardinalzahl", „Lagebeziehung, nicht Streckentransport") ganz zu erfassen. Wer nur die Formeln sieht, der ist — man verzeihe das banale Beispiel — dem Laien zu vergleichen, der einen Glühstrumpf für Gewebe aus organischen Fasern hält. Aber dieses Gewebe ist eben zuerst mit der Substanz, will sagen der projektiven Maßbestimmung, durchtränkt worden und dann wurden alle organischen Reste ausgeglüht.

§ 24. Mercatorbild der Pseudosphäre.

Leichter als die allgemeine projektive Maßbestimmung ist eine andere Darstellung der hyperbolischen Geometrie zu erfassen, die Poincaré in großem Maßstab für die Funktionentheorie dienstbar gemacht hat.

1. Abbildungsformeln. Wir haben früher (§ 15, Nr. 2) die hyperbolische Ebene, und zwar eine Tangentialebene der Grenzkugel durch die „Randbilder" winkeltreu auf die Grenzkugel abgebildet, wobei Kreise in Kreise übergingen. Verwendet man bei der besprochenen Konstruktion an Stelle der Tangentialebene eine Diametralebene und führt auf der ihrer inneren Geometrie nach „euklidischen" Grenzkugel rechtwinklige, in der Ebene Grenzkreiskoordinaten ein, so gelangt man zu der Beziehung

$$\xi = u, \; \eta = e^{v}.$$

Hier sind dann ξ und η rechtwinklige Koordinaten der „Ebene" (Grenzkugel), dagegen die Kurven $v =$ const. koaxiale Grenzkreise, $u =$ const. ihre Achsen.

Damit ist der Zusammenhang gegeben; im übrigen soll, zur Bequemlichkeit des Lesers, den Raumkonstruktionen im hyperbolischen

---

[1]) Sixth Memoir upon Quanties (1859) = Math. Papers II, S. 561-592. Aus dem Buch von Sommerville, Elements of non-euclidean geometry, London 1914, ist folgendes Urteil über Cayley anzuführen (S. 158): Cayley schrieb eine Anzahl von Abhandlungen, die sich besonders mit nichteuklidischer Geometrie befassen. Aber, obwohl er als einer der Epoche machenden (epoch-maker) zu betrachten ist, so gelangte er dort nie völlig „at a just appreciation of the science". In seiner Darstellung gelangte die nichteuklidische Geometrie kaum zu unabhängiger Geltung (independent existence), sie war immer entweder die Geometrie auf einer gewissen Klasse gekrümmter Flächen, wie die sphärische Geometrie, oder eine Darstellungsart (mode of representation) gewisser projektiver Beziehungen in der euklidischen Ebene. —

Ausführliche Behandlung der Cayley-Kleinschen Maßbestimmung ist zu finden in Clebsch-Lindemann, Vorlesungen über Geometrie II (Leipzig 1891).

Raum Unbehagen bereiten, aber auch zur Abwechselung diesmal zunächst analytisch verfahren werden.

Der Name „Mercatorprojektion"[1]) ist dadurch gerechtfertigt, daß auf der Pseudosphäre die Kurven ($\xi = c$) und die Kurven ($\eta = c$) Meridiane und Parallelkreise werden. Außerdem aber ist, wie wir gleich von neuem und ohne die hier unterdrückte Raumkonstruktion zeigen werden, die Abbildung winkeltreu. Also liegen die Verhältnisse genau wie bei der bekannten Mercatorkarte der Kugel. Übrigens ist die Mercatorkarte der Pseudosphäre der alten Mercatorkarte dadurch überlegen, daß alle „Kreise" auf Kreise abgebildet werden.

2. Eigenschaften der Abbildung. Um analytisch den Zusammenhang weiter zu entwickeln, erinnern wir uns der Formeln, die Weierstraßsche und Grenzkreiskoordinaten verknüpfen (1', § 21, Nr. 2).

Man hat jetzt zu schreiben

$$x = ue^{-v},$$
$$y = \operatorname{sh} v + \frac{u^2}{2} e^{-v},$$
$$p = \operatorname{ch} v + \frac{u^2}{2} e^{-v},$$

oder

$$(15) \qquad \begin{aligned} x : y : p &= 2u : (u^2 - 1 + e^{2v}) : (u^2 + 1 + e^{2v}) \\ &= 2\xi : (\xi^2 - 1 + \eta^2) : (\xi^2 + 1 + \eta^2). \end{aligned}$$

Aus den Geraden

$$lx + my - np = 0$$

werden die Kurven

$$(16) \qquad (\xi^2 + \eta^2)(m - n) + 2l\xi - (m + n) = 0,$$

also Kreise, die die ξ-Achse senkrecht schneiden. Dabei ist zu beachten, daß das Gesamtfeld der hyperbolischen Ebene wegen

$$\eta = e^v > 0$$

auf die obere Hälfte der euklidischen $\xi\eta$-Ebene, die „obere Halbebene" abgebildet wird. Den Enden ($v = -\infty$) der hyperbolischen Ebene entspricht die ξ-Achse ($y = 0$).

Die allgemeine Gleichung der Kreise war in homogener Form (Gl. 10, § 21, Nr. 3)

$$p^2 - x^2 - y^2 = (lx + my - np)^2,$$

das gibt

$$4\eta^2 = \{(\xi^2 + \eta^2)(m - n) + 2l\xi - (m + n)\}^2,$$

also ein Kreispaar; hiervon kommt selbstverständlich nur der Teil

[1]) Über die Mercatorprojektion vgl. etwa S. S. XLIV (Kommerell, Flächentheorie), § 9, Konforme Abbildungen.

in Betracht, der in der oberen Halbebene ($\eta > 0$) liegt, der zweite Teil, nämlich das Spiegelbild dazu in der unteren Halbebene, wird als Zugabe durch die Gleichung mit dargestellt.

Im einzelnen ist dann zwischen Feldkreisen, Grenzkreisen und Überkreisen zu scheiden.

Z. B. hat ein Feldkreis mit dem Radius a und dem Mittelpunkt $x_1 y_1 p_1$ nach S. 81 (6) und S. 97 (15) die Gleichung

$$4\eta\eta_1 \operatorname{ch} a = (\xi^2 + \eta^2 + 1)(\xi_1^2 + \eta_1^2 + 1) - (\xi^2 + \eta^2 - 1)(\xi_1^2 + \eta_1^2 - 1) - 4\xi\xi_1,$$

woraus durch einfache rationale Umformung folgt

$$(\xi - \xi_1)^2 + (\eta - \eta_1 \operatorname{ch} a)^2 - \eta_1^2 \operatorname{sh}^2 a = 0,$$

und dieser Kreis schneidet die ξ-Achse nicht reell.

Die Gleichung läßt sich auch schreiben

$$(\xi - \xi_1)^2 + (\eta - \eta_1)^2 - 2\eta\eta_1(\operatorname{ch} a - 1) = 0$$

und zeigt, daß man bei festem $\xi_1\,\eta_1$ und veränderlichem a ein sogenanntes „elliptisches Kreisbüschel" erhält, mit dem „Nullkreis"

$$a = 0, \quad (\xi - \xi_1)^2 + (\eta - \eta_1)^2 = 0.$$

Konzentrische Grenzkreise sind gegeben durch

$$e^{-a} = p - x \cos \alpha - y \sin \alpha$$

und das gibt

$$2\eta e^{-a} = \eta^2 + \xi^2 + 1 - 2\xi \cos \alpha - (\eta^2 + \xi^2 - 1) \sin \alpha.$$

Setzt man hierin $\eta = 0$, so kommt

$$\xi^2(1 - \sin \alpha) - 2\xi \cos \alpha + (1 + \sin \alpha) = 0.$$

Diese Gleichung zeigt, daß die beiden Schnittpunkte einer Schar konzentrischer Grenzkreise mit der ξ-Achse zusammenfallen; man erhält, unabhängig von a

$$\eta = 0, \xi = \frac{\cos \alpha}{1 - \sin \alpha} = \operatorname{tang}\left(\frac{\pi}{4} + \frac{\alpha}{2}\right),$$

in diesem Punkt berühren also die Bilder der Grenzkreise einander und die ξ-Achse; sie werden abgebildet durch ein „Berührungsbüschel".

Weitere Einzelheiten sind wohl nicht nötig, nur die Winkeltreue soll noch ausgerechnet werden. Wie bekannt ist aus der Flächentheorie, sind zwei Flächen winkeltreu aufeinander abgebildet, wenn die quadratischen Differentialformen für die Bogenelemente sich nur um einen Faktor unterscheiden. Das ist hier der Fall, denn man hat in der „Ebene", also in der hyperbolischen Geometrie,

$$(17) \quad ds^2 = e^{-2v} du^2 + dv^2 = \eta^{-2} d\xi^2 + d^2 \log \eta = \frac{d\xi^2 + d\eta^2}{\eta^2},$$

und hier steht rechts das mit η^{-2} multiplizierte Quadrat des Bogenelementes der $\xi\eta$-Ebene.

3. Bewegungen als Kreisverwandtschaften. Wir haben die Bewegungen als die dreigliedrige projektive Gruppe des Fundamentalkreises kennengelernt und ihr die einfache Darstellung gegeben

$$t_1 = \frac{at + b}{ct + d}.$$

Das ist jetzt zu übertragen.

In dieser Absicht erinnern wir uns, daß sie anderseits auch lineare Transformationen der Weierstraßschen Koordinaten und deshalb wegen Gleichung (15) von der Form

$$\begin{aligned} &\xi_1 : (\xi_1^2 + \eta_1^2) : 1 \\ &\quad = a_{11}\xi + a_{12}(\xi^2 + \eta^2) + a_{13} \\ &\quad : a_{21}\xi + a_{22}(\xi^2 + \eta^2) + a_{23} \\ &\quad : a_{31}\xi + a_{32}(\xi^2 + \eta^2) + a_{33} \end{aligned}$$

sein müssen. Die Koeffizienten sind der Formel für die „Transformation der Enden" anzupassen, woraus für $\eta = \eta_1 = 0$ die Forderung entsteht:

$$\xi_1 = \frac{a\xi + b}{c\xi + d}, \quad \xi_1^2 = \frac{(a\xi + b)^2}{(c\xi + d)^2}.$$

Hieraus folgt:

$$\begin{aligned} &\xi_1 : (\xi_1^2 + \eta_1^2) : 1 \\ &\quad = (a\xi + b)(c\xi + d) + ac\eta^2 \\ &\quad : (a\xi + b)^2 + a^2\eta^2 \\ &\quad : (c\xi + d)^2 + c^2\eta^2 \end{aligned}$$

und weiter

$$\eta_1 = \pm \frac{\eta(ad - bc)}{(c\xi + d)^2 + c^2\eta^2}$$

wobei das Vorzeichen so zu wählen ist, daß η_1 mit η positiv ist.

Man kann dies zusammenfassen zu

$$\xi_1 + i\eta_1 = \frac{a(\xi \pm i\eta) + b}{c(\xi \pm i\eta) + d}$$

wobei das obere Zeichen oder das untere gilt, je nachdem

$$ad - bc \gtrless 0.$$

Man kann auch mit Einführung der komplexen Größen

$$\zeta = \xi + i\eta, \quad \bar\zeta = \xi - i\eta$$

schreiben

$$\zeta_1 = \frac{a\zeta + b}{c\zeta + d}, \quad \bar\zeta_1 = \frac{a\bar\zeta + b}{c\bar\zeta + d} \qquad (ad - bc = +1).$$

$$\zeta_1 = \frac{a\bar\zeta + b}{c\bar\zeta + d}, \quad \bar\zeta_1 = \frac{a\zeta + b}{c\zeta + d} \qquad (ad - bc = -1).$$

Diese Formeln sind so zu verstehen: Die Koeffizienten sind reelle Konstanten. Für die ausführliche Darstellung, die gewonnen wird, indem man beide in reellen und imaginären Teil zerlegt und die entsprechenden Teile einander gleichsetzt, kommt es nur auf die Verhältnisse an; doch sind die Fälle nach dem Vorzeichen der Determinante zu unterscheiden, deren absoluter Betrag unbeschadet der Allgemeinheit gleich $+1$ angenommen werden kann.

Diese Transformationen sind aber Kreisverwandtschaften, denn die Gleichung eines Kreises läßt sich schreiben

$$A\zeta\bar{\zeta} + B(\zeta + \bar{\zeta}) + Ci(\zeta - \bar{\zeta}) + D = 0$$

und behält ihre Form.

Die allgemeinsten Kreisverwandtschaften der euklidischen $(\xi\eta)$-Ebene und damit auch der hyperbolischen Ebene erhält man, wenn man auch komplexe Koeffizienten zuläßt.

Schließlich noch eine Bemerkung! Wir haben hier immer von „Bewegung" schlechtweg gesprochen, wollen aber zum Schluß betonen, daß darunter „Bewegung und Spiegelung" zu verstehen sind. Um eigentliche Bewegung handelt es sich, wenn $ad - bc$ gleich $+1$ ist. Hat die Determinante den Wert -1, so schreibe man

$$\zeta_1 = \frac{-a\zeta_2 + b}{-c\zeta_2 + d}, \quad \zeta_2 = -\bar{\zeta}$$

und hat dadurch in eigentliche Bewegung und Spiegelung zerlegt.

4. Die Zugänge zur hyperbolischen Geometrie. Auch hier kann man mit Poincaré und Klein die Marschrichtung umkehren, also mit der Untersuchung aller Kreisverwandtschaften beginnen, die die ξ-Achse $(\eta = 0)$ fest lassen, die obere Halbebene $(\eta > 0)$ auf sich selbst abbilden, und an diesen Transformationen dann Schritt für Schritt Eigenschaften feststellen, die ihnen den Charakter einer „Bewegung" verleihen. Obenan steht die Winkeltreue.

Dann kommt die „Entfernung" an die Reihe. Da wir hier auf die Kenntnis des Stoffes uns stützen dürfen, ist es einfacher, nachzuweisen daß die „Entfernung" eine Invariante ist und daß für drei Punkte einer Geraden, d. h. eines in der oberen Halbebene gelegenen Halbkreises mit Mittelpunkt auf $\eta = 0$ die additive Eigenschaft gilt

$$[P_1 P_2] + [P_2 P_3] = [P_1 P_3],$$

wobei es sich weniger um einen neuen Nachweis handelt als um eine Neuberechnung mit Verwendung von ξ und η.

Der „Abstand" $s = [P_1 P_2]$ der beiden Punkte

$$P_1 : \xi_1 = a + \varrho \cos \varphi_1, \quad \eta_1 = \varrho \sin \varphi_1$$
$$P_2 : \xi_2 = a + \varrho \cos \varphi_2, \quad \eta_2 = \varrho \sin \varphi_2$$

ist gegeben durch

$$\operatorname{ch} s = p_1 p_2 - x_1 x_2 - y_1 y_2 = \frac{1}{2\eta_1 \eta_2} (\eta_1^2 + \eta_2^2 + (\xi_2 - \xi_1)^2)$$
$$= \frac{1 - \cos \varphi_1 \cos \varphi_2}{\sin \varphi_1 \sin \varphi_2},$$

woraus man durch kurze Rechnung erhält

$$s = [P_1 P_2] = \log \frac{\operatorname{tang} \frac{1}{2}\varphi_2}{\operatorname{tang} \frac{1}{2}\varphi_1}, \quad (\varphi_2 > \varphi_1).$$

also ist

$$[P_1 P_2] + [P_2 P_3] = \log \frac{\operatorname{tang} \frac{1}{2}\varphi_3}{\operatorname{tang} \frac{1}{2}\varphi_1} = [P_1 P_3].$$

Sodann betrachten wir das Doppelverhältnis der vier Punkte

$$\begin{aligned} S' &: \zeta' = a + \varrho \\ P_1 &: \zeta_1 = a + \varrho e^{i\varphi_1} \\ P_2 &: \zeta_2 = a + \varrho e^{i\varphi_2} \\ S'' &: \zeta'' = a - \varrho, \end{aligned}$$

wobei S' und S'' die „Enden" unserer Geraden

$$(\xi - a)^2 + \eta^2 = \varrho^2, \quad \eta \geqq 0$$

sind, und haben:

$$(\zeta' \zeta''; \zeta_1 \zeta_2) = \frac{\zeta_1 - \zeta'}{\zeta_2 - \zeta'} : \frac{\zeta_1 - \zeta''}{\zeta_2 - \zeta''}$$
$$= \frac{(1 - e^{i\varphi_1})(1 + e^{i\varphi_2})}{(1 - e^{i\varphi_2})(1 + e^{i\varphi_1})}$$
$$= \operatorname{tang} \frac{\varphi_1}{2} : \operatorname{tang} \frac{\varphi_2}{2}.$$

Da nun einerseits das Doppelverhältnis bei den linear gebrochenen Transformationen invariant ist, anderseits $[P_1 P_2]$ durch den eben berechneten Wert bestimmt, so erkennt man auch auf diesem Wege $[P_1 P_2]$ als „Bewegungsinvariante".

Übrigens läßt sich auch diese Einführung der hyperbolischen Geometrie bis zu einer ziemlich hohen Stufe der Entwickelung ohne Rechnung aufbauen[1]).

An dieser Stelle ist gewiß ein Rückblick angebracht.

Der Aufbau der Elementargeometrie, die in Gauß, Lobatschefskij

[1]) Vgl. z. B. Weber-Wellstein, Enzyklopädie der Elementarmathematik II (2. Auflage, Leipzig 1907), § 10-11. — In der ersten Auflage des vorliegenden Buches war dieser Ausgangspunkt gewählt worden (Kap. II, S. 15-68; S. S. XLIX, Leipzig 1905). Übrigens rührt die erste Entdeckung dieser durch Poincaré und Klein bekannt gewordenen Zusammenhänge von E. Beltrami her, der schon im Jahre 1868 zeigte, daß man den Geraden des hyperbolischen Raumes die zur xy-Ebene des Euklidischen Raumes senkrechten Halbkreise zuordnen kann (Teoria degli spazii di curvatura constante, Annali di mat. Scr. II, 2, p. 232-255 = Opere, p. 406-409).

und J. Bolyai ihre kühnsten Architekten zu feiern hat, Männer übrigens, die sich der von ihnen benützten Axiome keineswegs so wenig bewußt waren, wie der mit ihrem Werk nicht Vertraute wohl annimmt, ist durch die moderne Axiomatik auf feste Fundamente gesetzt. Eine Auswirkung dieser Geometrie ist die Erkenntnis, daß die innere Geometrie der Grenzkugel sich in keiner Weise von der euklidischen unterscheidet und daß man zwei Abbildungen angeben kann, die „Gerade" auf Gerade bzw. „Kreise" auf Kreise abbilden (§ 15).

Die analytische Geometrie der hyperbolischen Ebene lehrt diese Abbildungen, losgelöst von jenen Konstruktionen, zu fassen oder auch umgekehrt gewisse Transformationen der Ebene (§ 23, Nr. 3) als hyperbolische Bewegungen zu deuten. Die von Cayley nicht ganz durchgeführte „projektive Maßbestimmung" kann nach Klein axiomatisch ohne den Begriff „Entfernung" aufgebaut werden. Die „Kreisdarstellung" kann mit Umkehr der Gedankenfolge — elementar, aber mit Benützung von euklidischen Maßvorstellungen — ebenfalls zu einer hyperbolischen „Als-Ob-Geometrie" durchgebildet werden (§ 24).

Fünftes Kapitel.

Sphärisch-elliptische Geometrie.

§ 25. Innere Sphärik.

1. Gesichtspunkte für die innere Geometrie. Nimmt man die Kugel als Ort der Punkte, die von einem festen Raumpunkt konstanten Abstand haben und spricht man diesem Raum die Kongruenzaxiome zu, so kann man auf diesem Wege, also durch „Einbettung in den Raum", ihre innere Geometrie erhalten. Hauptkreise sind dann die Schnitte mit Ebenen durch den Mittelpunkt usw. [1]).

Wir wollen uns aber davon unabhängig machen, denn: „Was der hyperbolischen Geometrie (Winkelsumme im Dreieck $\alpha + \beta + \gamma < \pi$) recht ist, das ist der sphärischen (und der elliptischen) billig".

Die sphärische Axiomatik benützt wieder die Axiome der Anordnung und der Verknüpfung und die Kongruenzsätze, dazu das archimedische Axiom.

[1]) Bei Halsted, Kap. 16, p. 220-260 der französischen Übersetzung wird die Kugel unabhängig von der Annahme der Einbettung in einen drehbaren Raum behandelt und eine besondere sphärische Axiomatik mit vier Axiomen der Verknüpfung, sieben Axiomen der Anordnung und sechs Axiomen der Kongruenz aufgestellt.

Aus der Grundannahme $(\alpha + \beta + \gamma > \pi)$ folgt dann, daß zwei Gerade, die einen Punkt A gemein haben, noch einen zweiten B gemein haben. (Vgl. § 4, Nr. 1.)

Betrachtet man dann zwei Strecken AB und verbindet ihre Mittelpunkte $M_1\,M_2$, so entstehen zwei kongruente Dreiecke AM_1M_2, BM_1M_2 und daher ist

$$\sphericalangle AM_1\,M_2 = \sphericalangle BM_1\,M_2 = \frac{\pi}{2} = \sphericalangle AM_2\,M_1 = \sphericalangle BM_2\,M_1.$$

Diese beiden Dreiecke sind daher gleichschenklig, also ist

$$\begin{aligned} AM_1 &= AM_2 \\ BM_1 &= BM_2 \end{aligned}$$

und die beiden Strecken

$$2k = AM_1\,B = AM_2\,B$$

sind einander gleich. Verdoppelt man dann $M_1\,M_2 (M_2\,M_3 = M_1\,M_2)$, so ist auch

$$AM_3B = 2k$$

und so kann man fortfahren. Halbiert man $M_1\,M_2$ und verbindet den Teilpunkt H mit A und B, so ist

$$\begin{aligned} AM_1 &= AM_2 \\ M_1\,H &= M_2\,H \end{aligned}$$

$$\sphericalangle AM_1H = \sphericalangle AM_2H = \frac{\pi}{2}$$

daher

$$\sphericalangle AHM_1 = \sphericalangle AHM_2 = \frac{\pi}{2}\left(\text{Ebenso} \sphericalangle BHM_1 = \sphericalangle BHM_2 = \frac{\pi}{2}\right).$$

Diese beiden Teildreiecke sind also wieder gleichschenklig und deshalb ist die gerade Strecke AHB wieder gleich $2k$.

In dieser Weise läßt sich zeigen: Alle rationalen Punkte der Geraden $M_1\,M_2$, nämlich alle Punkte P, für die PM_1 ein rationales Vielfaches von $M_1\,M_2 = a$ ist, haben von A und B denselben Abstand k, alle Strecken PA, PB schließen gestreckte Winkel ein.

Zieht man die Winkel

$$\sphericalangle M_1\,AM_2 = \sphericalangle M_1\,BM_2 = \alpha$$

in Betracht, dann ist das Ergebnis so zu fassen:

Zwei von A ausgehende Gerade (g_1, g_2) mögen einander zum erstenmal wieder in B schneiden. Alle von A ausgehenden Geraden, die mit g_1 Winkel einschließen, welche zu $\alpha = \sphericalangle(g_1\,g_2)$ in rationalem Verhältnis stehen, gehen durch B, alle diese Strecken AB sind einander gleich.

Und weiter:

Die beiden um A und B als Mittelpunkte beschriebenen Kreise vom Radius k haben miteinander und mit der Geraden M_1M_2 alle rationalen Punkte gemein, daher als stetige Kurven alle Punkte.

Diese Kreise vom Radius k sollen Hauptkreise heißen.

Wir sind von zwei Geraden $g_1 g_2$ und ihren Schnittpunkten AB ausgegangen. Nimmt man jetzt einen beliebigen Punkt P des Feldes und verbindet ihn mit A und B, so erhält man einen geradlinigen Zug APB von der Länge $2k$. Legt man durch P dann eine zweite Gerade, so haben (APB) und diese Gerade einen zweiten Punkt Q gemein und wieder können P und Q durch unendlichviele Geraden verbunden werden; auf jeder dieser Geraden hat die Strecke PQ die Länge $2k$.

Kurz: Alle Geraden sind zugleich Hauptkreise, d. h. Kreise vom Radius k.

Jeder Hauptkreis hat zwei Mittelpunkte, die durch Spiegelung an ihm auseinander hervorgehen.

Schließlich kann ein Hauptkreisbogen PQ gemessen werden durch den Zentriwinkel PAQ oder PBQ, wenn A und B die beiden Mittelpunkte sind.

Damit sind alle Eigenschaften, die man sonst an der Kugel durch Drehung um den Mittelpunkt ableitet, als „innere" erkannt.

2. Die Zuordnung rechtwinkliger Dreiecke. Wir wollen die innere Geometrie des Feldes oder die „Geometrie der S_2" — S_2, nicht notwendig „Kugel", d. h. in einen mit bestimmten Kongruenzeigenschaften usw. ausgestatteten Raum eingebettet — weiter verfolgen. Drei zueinander rechtwinklige Hauptkreise zerlegen das Feld in acht Oktanten deren jeder ein gleichseitiges rechtwinkliges Dreieck ist. Die Seitenlänge wollen wir gleich $\frac{\pi}{2}$ setzen, dann ist eine gerade Strecke, d. i. ein Hauptkreisbogen, dem Zentriwinkel gleich. (Behält man k statt $\frac{\pi}{2}$ als Radius des Hauptkreises bei, so ist in der folgenden Betrachtung jede Strecke s zu ersetzen durch ihr „Bogenmaß"

$$\bar{s} = \frac{s}{k} \cdot \frac{\pi}{2}\Big).$$

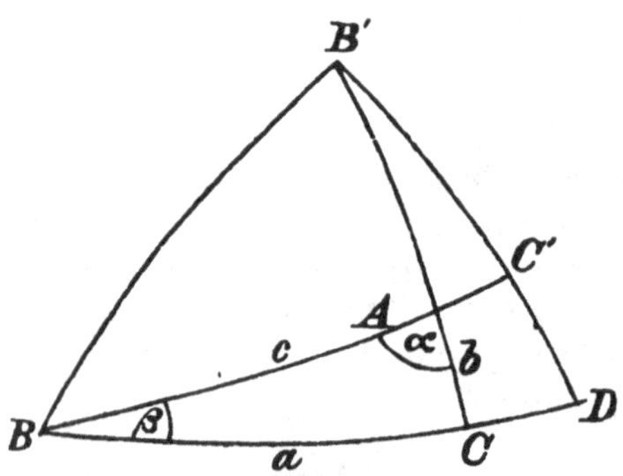

Fig. 33.

Hieran schließt sich die (bei der sphärischen Geometrie viel leichter zu konstruierende) Kette rechtwinkliger Dreiecke.

Das Ausgangsdreieck, bei C rechtwinklig (Fig. 33), wird so ergänzt: Man verlängert BA um $\frac{1}{2}\pi - c$ bis C' und CA um $\frac{1}{2}\pi - b$ bis B'. Dann ist B' einer der beiden Mittelpunkte des Hauptkreises durch B und C. ($B'C$ steht auf BC senkrecht und ist gleich $\frac{1}{2}\pi$.) Hieraus folgt

$$B'B = \tfrac{1}{2}\pi$$

und wegen $BC' = \frac{1}{2}\pi$

$$\sphericalangle BB'C' = \tfrac{1}{2}\pi = \sphericalangle B'C'B.$$

Da endlich

$$\sphericalangle B'BC = \frac{\pi}{2},$$

so ist BDB' ein Oktant der S_2.

Auf diese Weise entsteht neben dem rechtwinkligen Dreieck ABC das „Stumpfeck", d. h. das Viereck $ACDC'$ mit den Seiten

$$AC = b,\ CD = \frac{\pi}{2} - a,\ DC' = \beta,\ C'A = \frac{\pi}{2} - c$$

und den Winkeln

$$\pi - a,\ \frac{\pi}{2},\ \frac{\pi}{2},\ \frac{\pi}{2}$$

bei ACD und C'.

Zugleich entsteht das rechtwinklige Dreieck $AC'B'$ mit den Seiten

$$AB' = c_1 = \frac{\pi}{2} - b,\ B'C' = a_1 = \frac{\pi}{2} - \beta,\ C'A = b_1 = \frac{\pi}{2} - c$$

und den Winkeln $\alpha_1 = \alpha,\ \beta_1 = \frac{\pi}{2} - a.$

Diese Konstruktion kann fortgesetzt werden und gibt dann eine geschlossene Figur, das berühmte „Pentagramma mirificum" von Gauß[1]). Je zwei Seiten des Fünfecks schließen den Winkel $\frac{\pi}{2}$ ein und jede Seite (13) (35) (52) (24) (41) wird in drei Strecken zerlegt, wobei die beiden äußeren und die mittlere sich zu $\frac{\pi}{2}$ ergänzen.

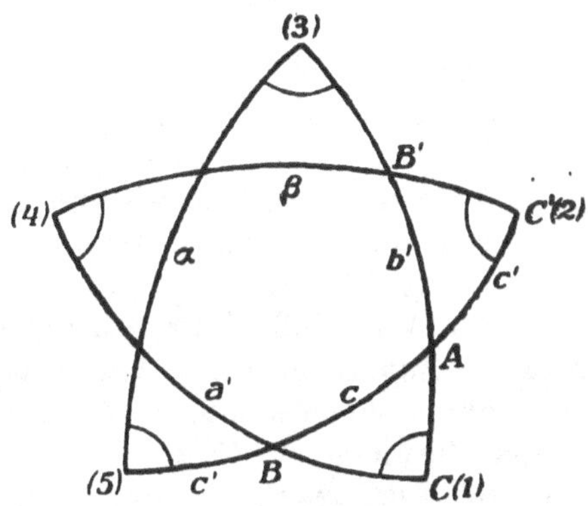

Fig. 34.

Wir wollen solche Strecken (c und c' usw.) komplementär nennen.

Daß die mit ABC beginnende Figur sich schließt, erkennt man so: Die Diagonale BB' der inneren Figur ist gleich $\frac{\pi}{2}$ und B' ist ein Mittelpunkt des Hauptkreises, dem BC angehört. Das geht dann so

[1]) Gauß Werke III, S. 481.

weiter. Daher hat die auf B' folgende Ecke der inneren Figur von der letzten Ecke $\overline{B}$ des Dreiecks (5) den Abstand $\frac{\pi}{2}$ und wird auch von ihrer Verbindungsstrecke mit $\overline{B}$ senkrecht getroffen, ist also Mittelpunkt des Hauptkreises $C'B'4$ und $\overline{B}$ fällt folglich mit B zusammen. $5BA2$ gehören dann einem Hauptkreis an, dessen Mittelpunkt die gegenüberliegende Ecke der inneren Figur ist usw.

Es entsteht die Nepersche Regel, in der wir das Komplement durch Akzent bezeichnen $\left(a' = \frac{\pi}{2} - a \text{ usw.}\right)$; vgl. den Schluß von § 26.

Das innere Fünfeck hat die aus dem ersten rechtwinkligen Dreieck abgeleiteten Seiten c, b', β, a, a'. Schreibt man an diese Seiten

$$c_k,\ b'_k,\ \beta_k,\ a_k,\ a'_k,$$

so erhält man die fünf Bestimmungsstücke eines der beigeordneten oder zugeordneten rechtwinkligen Dreiecke.

3. Konstruktionen und Inhaltbestimmung. Diese Zuordnung kann für Konstruktionen verwendet werden, genau wie in der hyperbolischen Geometrie (§ 9, Nr. 4). Will man z. B. ein rechtwinkliges Dreieck aus a und β $\left(a + \beta > \frac{\pi}{2}\right)$ konstruieren, so liefert das Fünfeck

$$a_2 = b,\ b_2 = \frac{\pi}{2} - a,\ c_2 = \beta;\ a_2 = c,\ \beta_2 = \frac{\pi}{2} - a,$$

man hat also ein zweites Dreieck aus

$$b_2 = \frac{\pi}{2} - a,\ c_2 = \beta\left(> \frac{\pi}{2} - a\,!\right)$$

zu konstruieren und erhält aus ihm b.

In der sphärischen Geometrie benützt man zur Konstruktion des Dreiecks aus den drei Winkeln den Satz, daß zu jedem Dreieck ein zweites gehört, dessen Seiten und Winkel die Supplemente der Winkel und Seiten des ersten Dreiecks sind; dieser Satz wird aber durch eine Raumkonstruktion gewonnen.

Bei Ausschluß dieser Stütze, also in der S_2-Geometrie, verwendet man die Zuordnung so, daß man das Dreieck durch die von der Ecke des größten Winkels ausgehende Höhe in zwei rechtwinklige Teildreiecke zerlegt (Bestimmungsstücke: b, a_1, c_1; β_1, α_1 und b, a_2, c_2; β_2, α_2, wobei b die Höhe des gesuchten Dreiecks ist; bekannt sind β_1, β_2 und $\alpha_1 + \alpha_2$).

Durch Zuordnung und Aneinanderlegen entsteht dann als Hilfsfigur ein Viereck $ADFE$ mit

$$\sphericalangle DAE = \alpha_1 + \alpha_2,\ \sphericalangle ADF = \sphericalangle AEF = \frac{\pi}{2},$$
$$AD = c'_1,\ DF = \beta'_1,\ EF = \beta'_2,\ AE = c'_2.$$

Die Diagonale AF ist gleich b'.

Dieses Viereck kann aus dem Winkel DAE und den Mittelpunkten der Hauptkreise AD.., AE.. gefunden werden. F ist der Schnittpunkt zweier Kreise mit den Radien β_1' und β_2'. Die „Determination" zeigt, daß die Kreise dann und nur dann einander schneiden, wenn

$$\beta_1 + \beta_2 + (\alpha_1 + \alpha_2) > \pi.$$

Inhaltsbestimmungen können genau wie in der hyperbolischen Geometrie (§ 12, Nr. 1) durch Verwendung der Mittellinie FE ausgeführt werden, die die Mitten F und E der Seiten $AB = c$ und $AC = b$ verbindet. Auf sie sind die Lote AA', BB' und CC' zu fällen. Es zeigt sich, daß der Inhalt dem Exzeß

$$\alpha + \beta + \gamma - \pi$$

proportional ist.

§ 26. Trigonometrie.

1. Die Funktionen $U(r)$ und $J(r)$. Aus der Grundannahme der Beweglichkeit der Figuren der S_2 folgt, daß Bogen (s) und Sektor (S) dem Zentriwinkel φ proportional sind. Wir setzen

$$s = \varphi U(r),$$
$$S = \varphi J(r),$$

und führen damit die allein vom Radius r abhängige Umfangsfunktion U und die Inhaltsfunktion J ein.

Der Kreis ist zugleich Abstandslinie insofern, als alle seine Punkte von der Geraden (dem Hauptkreis der zum Kreis konzentrisch ist) den gleichen Abstand $l = \frac{\pi}{2} - r$ besitzen. Bogen s und Sektor S sind ihrerseits auch dem „Basisstück" φ dieses Hauptkreises proportional und wenn man für die Abstandslinie entsprechende Funktionen $U'(b)$ und $J'(b)$ einführt, so kommt

$$s = \varphi U(r) = \varphi U'\left(\frac{\pi}{2} - r\right),$$
$$S = \varphi J(r) = \varphi\left[1 - J'\left(\frac{\pi}{2} - r\right)\right],$$

also

$$U(r) = U'\left(\frac{\pi}{2} - r\right), \quad J(r) = 1 - J'\left(\frac{\pi}{2} - r\right).$$

Man findet sofort die Spezialwerte

$$U(0) = 0, \quad J(0) = 0,$$

also

$$U'\left(\frac{\pi}{2}\right) = 0, \quad J'\left(\frac{\pi}{2}\right) = 1$$

und

$$U\left(\frac{\pi}{2}\right) = 1, \quad J\left(\frac{\pi}{2}\right) = 1,$$

daher

$$U'(0) = 1, \quad J'(0) = 0.$$

Bei der Bestimmung der Funktionen U und J messen wir den Kreisbogen als Grenzwert eines regulären Sehnenzuges und machen noch von einem andern Grenzübergang Gebrauch: Wenn der Rand von n sich aneinanderschließenden Teilfiguren (ohne Überdeckung) mit wachsendem n sich unbegrenzt dem Rand einer Figur mit bekanntem Inhalt nähert, dann ist der Inhalt derselbe.

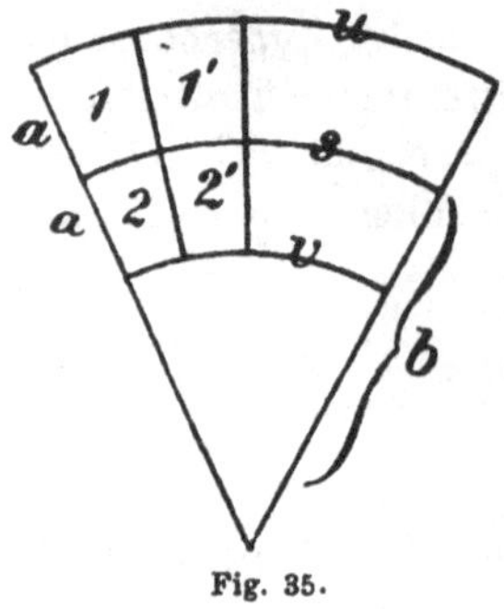

Fig. 35.

Mit diesen Mitteln betrachten wir die Summe der Kreisbögen $u + v$, beide zum Zentriwinkel φ und den Radien $a + b$ und $b - a$ gehörig (Fig. 35 und 36). Dabei zerlegen wir in n Ringsektoren, die wir „Kopf gegen Fuß" aneinanderlegen, und erhalten oben und unten im Grenzübergang Abstandslinien von der Länge $\frac{u+v}{2}$.

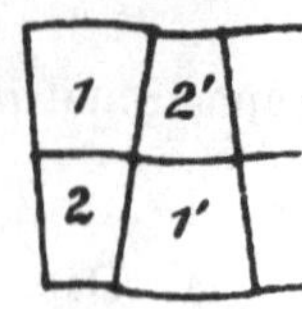

Fig. 36.

Es wird dann

$$u + v = \varphi(U(b + a) + U(b - a)) = 2sU'(a) = 2\varphi U(b)U'(a)$$

und

$$\varphi(J(b + a) - J(b - a)) = 2\varphi U(b)J'(a).$$

Jetzt hat man die nach Fortlassen von φ entstehenden Funktionalgleichungen zu lösen. Die erste kann geschrieben werden

$$U'(b' + a) + U'(b' - a) = 2\,U'(b')\,U'(a) \left(b' = \frac{\pi}{2} - b\right)$$

und gibt die Lösungen [1])

$$U'(a) = 1,\ U'(a) = \operatorname{ch}\frac{a}{k},\ U'(a) = \cos\frac{a}{k},$$

von denen wegen der Nebenbedingung $U'\left(\frac{\pi}{2}\right) = 0$ nur die dritte in Betracht kommt. (Die beiden ersten würden euklidische und hyperbolische Geometrie liefern.) Also ist

$$U'(a) = \cos a,\ U(a) = \sin a.$$

Die zweite Funktionalgleichung gibt dann

$$J'(b' + a) - J'(b' - a) = 2U'(b')J'(a)$$

und daher

$$J'(a) = \sin a,\ J(a) = 1 - \cos a.$$

Für Kreisbogen und Kreissektor erhalten wir also

$$s = \varphi \sin r,\ S = \varphi(1 - \cos r).$$

2. Das rechtwinklige Dreieck. Lassen wir ein rechtwinkliges

---

[1]) Diese Funktionalgleichung hat schon Laplace gelöst (1773). Vgl. Werke VIII. S. 106-107.

Dreieck, dessen Ecke A festgehalten wird, eine Drehung (φ) ausführen, wobei C und B in C' und B' übergehen mögen, so beschreiben AB und AC die Flächen

$$\varphi(1 - \cos c) \quad \varphi(1 - \cos b)$$

und CB ein von zwei Kreisbögen (CC') und (BB') sowie zwei geraden Strecken CB und $C'B'$ begrenztes Viereck $(CC'B'B)$, es wird

$$\varphi(1 - \cos c) = \varphi(1 - \cos b) + (CC'B'B).$$

Um das Viereck zu quadrieren, zerlegen wir den Bogen CC' durch Teilpunkte $C_1 C_2 \ldots C_{n-1}$ in n gleiche Teile, legen hier Tangenten an den Kreis und erhalten

$$(CC'B'B) \approx n\, \Delta\tau(1 - \cos a),$$

wobei $\Delta\tau$ der Kontingenzwinkel ist.

Der Inhalt eines von zwei benachbarten Tangenten und den Radien ihrer Berührungspunkte begrenzten Vierecks ist

$$\frac{\varphi}{n} + \frac{\pi}{2} + \frac{\pi}{2} + (\pi - \Delta\tau) - 2\pi = \frac{\varphi}{n} - \Delta\tau$$

und

$$\operatorname*{limes}_{n=\infty} n\left(\frac{\varphi}{n} - \Delta\tau\right) = \varphi(1 - \cos b),$$

so daß man durch Einsetzen erhält

$$\varphi(1 - \cos c) = \varphi(1 - \cos b) + \varphi \cos b(1 - \cos a)$$

oder

$$\cos c = \cos a \cos b.$$

Damit ist der Kosinussatz des rechtwinkligen Dreiecks bewiesen. Alle andern Formeln erhält man dann wie in der hyperbolischen Geometrie aus der Dreieckzuordnung und der Fünfecksfigur.

Die zusammenfassende Regel lautet hier: Für die fünf zyklisch geordneten Stücke

$$c, \frac{\pi}{2} - a, \quad \alpha, \beta, \frac{\pi}{2} - b$$

gilt: Der Kosinus eines Stückes ist gleich dem Produkt der Sinus der anliegenden und dem Produkt der Kotangenten der gegenüberliegenden Stücke.

Die Hauptformeln werden dann

$$\begin{aligned} \sin a &= \sin c \sin \alpha, \\ \operatorname{tang} a &= \operatorname{tang} c \cos \beta, \\ \sin a \operatorname{tang} \beta &= \operatorname{tang} b, \\ \cos \alpha &= \cos a \sin \beta, \\ \cos c &= \cot \alpha \cot \beta. \end{aligned}$$

§ 27. Projektionen. Die elliptische Geometrie.

Die innere Geometrie der S_2 ist die innere Geometrie der Kugel. Denken wir uns die Kugel in den euklidischen Raum eingebettet, so gelangt man durch geeignete Projektion zu Maßbestimmungen in der euklidischen Ebene, die den früher angegebenen an die Seite treten.

1. Winkeltreue Abbildung. Projiziert man die Kugel

$$x^2 + y^2 + z^2 = 1$$

vom Nordpol ($x = y = 0, z = 1$) stereographisch[1]) auf die Äquatorebene ($z = 0$), so ist diese Abbildung vermittelt durch

$$x : y : z : 1 = 2\xi : 2\eta : \xi^2 + \eta^2 - 1 : \xi^2 + \eta^2 + 1$$

und den durch die Ebenen

$$Ax + By + Cz = 0$$

ausgeschnittenen Hauptkreisen der Kugel entsprechen die Kreise

$$2A\xi + 2B\eta + C(\xi^2 + \eta^2 - 1) = 0,$$

die ein Diametralbündel bilden; sie schneiden den Äquator

$$\xi^2 + \eta^2 - 1 = 0$$

in den Endpunkten eines Durchmessers.

Die Winkel übertragen sich unverändert, da die stereographische Abbildung winkeltreu ist.

Das Entfernungsmaß ergibt sich so: Auf der Kugel ist der Abstand s zweier Punkte bestimmt durch

$$\sin \tfrac{1}{2} s = \tfrac{1}{2} \sqrt{(x_1 - x_2)^2 + (y_1 - y_2)^2 + (z_1 - z_2)^2}.$$

Beim Übergang in die Ebene kommt dann durch Vermittelung der Abbildungsformeln

$$\sin \tfrac{1}{2} s = \sqrt{\frac{\varrho_1^2 + \varrho_2^2 - 2(\xi_1\xi_2 + \eta_1\eta_2)}{N_1 N_2}},$$

wobei gesetzt ist

$$\varrho_1^2 = \xi_1^2 + \eta_1^2,\ \varrho_2^2 = \xi_2^2 + \eta_2^2,\ N_1 = \varrho_1^2 + 1,\ N_2 = \varrho_2^2 + 1.$$

Bekanntlich gehen Kreise in Kreise über. Das kommt hier zum Ausdruck, in der Gleichung

$$(\xi^2 + \eta^2 + 1)(a^2 + b^2 + 1) \sin^2 \tfrac{1}{2}s = (\xi - a)^2 + (\eta - b)^2,$$

die — in sphärischer Maßbestimmung — einen „Kreis" mit dem „Mittelpunkt" a, b und dem „Radius" s darstellt, zugleich auch einen euklidischen Kreis.

Für das Bogenmaß findet man

$$\tfrac{1}{4} ds^2 = \frac{d\xi^2 + d\eta^2}{(\xi^2 + \eta^2 + 1)^2}.$$

---

[1]) Über die stereographische Projektion vgl. Kommerell, a. a. O. Seite 53.

Die Gesamtlänge einer „Geraden“ können wir messen an der Geraden $\eta = 0$, einem Diametralkreis unseres Bündels. Es kommt

$$2\int_{-\infty}^{+\infty} \frac{d\xi}{1+\xi^2} = 2\left(\frac{\pi}{2}+\frac{\pi}{2}\right) = 2\pi,$$

wie dies sein muß.

Die „Bewegungen“ sind dargestellt durch Kreisverwandtschaften, bei denen die Kreise des Bündels

$$A \cdot 2\xi + B \cdot 2\eta + C(\xi^2 + \eta^2 - 1) = 0$$

miteinander vertauscht werden.

2. Gnomonische Projektion. Sodann projizieren wir die Kugel

$$x^2 + y^2 + z^2 = 1$$

perspektivisch vom Mittelpunkt aus auf die Tangentialebene im Nordpol, also die Ebene $z = 1$, das ist die „gnomonische Projektion“. Die zugehörigen Formeln sind

$$\xi = \frac{x}{z}, \quad \eta = \frac{y}{z}$$

und

$$x : y : z : 1 = \xi : \eta : 1 : \sqrt{\xi^2 + \eta^2 + 1}.$$

Der sphärische Abstand (s), gegeben durch

$$\cos s = \frac{x_1 x_2 + y_1 y_2 + z_1 z_2}{\sqrt{x_1^2 + y_1^2 + z_1^2}\sqrt{x_2^2 + y_2^2 + z_2^2}},$$

gibt dann die Maßbestimmung

$$\cos s = \frac{\xi_1 \xi_2 + \eta_1 \eta_2 + 1}{\sqrt{\xi_1^2 + \eta_1^2 + 1}\sqrt{\xi_2^2 + \eta_2^2 + 1}}.$$

Auch hier (vgl. IV. Kap., Gl. (12), § 22, Nr. 4) begegnen wir wieder einem Doppelverhältnis.

Die Gerade $P_1(\xi_1\,\eta_1)$ $P_2(\xi_2\,\eta_2)$ mögen den „nullteiligen Fundamentalkreis“

$$\xi^2 + \eta^2 + 1 = 0$$

in den Punkten K_1 und K_2 schneiden. Das Beiwort „nullteilig“ bedeutet, daß die Gleichung der Kurve zwar reell ist, aber keiner ihrer Punkte.

Setzt man ein

$$\frac{\xi_1 - \lambda\xi_2}{1-\lambda}, \quad \frac{\eta_1 - \lambda\eta_2}{1-\lambda},$$

so kommt

$$\xi_1^2 + \eta_1^2 + 1 - 2\lambda(\xi_1 \xi_2 + \eta_1 \eta_2 + 1) + \lambda^2(\xi_2^2 + \eta_2^2 + 1) = 0,$$

und das Doppelverhältnis wird

$$(K_1, K_2;\ P_1 P_2) = \frac{\lambda_2}{\lambda_1},$$

dabei ist

$$\sqrt{\frac{\lambda_1}{\lambda_2}} + \sqrt{\frac{\lambda_2}{\lambda_1}} = \frac{\lambda_1 + \lambda_2}{\sqrt{\lambda_1 \lambda_2}} = \frac{2(\xi_1 \xi_2 + \eta_1 \eta_2 + 1)}{\sqrt{\xi_1^2 + \eta_1^2 + 1}\sqrt{\xi_2^2 + \eta_2^2 + 1}}$$
$$= 2 \cos s = e^{is} + e^{-is},$$

also

$$[P_1 P_2] = s = \frac{1}{2i} \log (K_1 K_2;\ P_1 P_2).$$

Die Maßbestimmung läuft also darauf hinaus, daß die Entfernung gemessen wird durch den Logarithmus des Doppelverhältnisses der Punkte $P_1 P_2$ und der Schnittpunkte der Geraden $P_1 P_2$ mit dem nullteiligen Fundamentalkreis. Diese Zahl ist dann noch durch $2i$ zu dividieren.

Da ferner auf der Kugel der Abstand zweier Punkte gleich dem Winkel der Hauptkreise ist, für die sie Mittelpunkte sind, so ergibt sich auch die Winkelmessung in der Ebene. Der Zuordnung zwischen Punkt (Durchmesser) und Hauptkreis (Ebene durch O, senkrecht zum Durchmesser) ist

$$x_1 x + y_1 y + z_1 z = 0,$$

und dem entspricht in der Ebene

$$\xi_1 \xi + \eta_1 \eta + 1 = 0,$$

das ist die Zuordnung Pol → Polare in bezug auf den Fk. Demnach ist der „Winkel" zweier Geraden gleich dem „Abstand" ihrer Pole, also auf Grund der projektiven Zuordnung von Pol und Polare

$$\varphi = \frac{1}{2i} \log (t_1, t_2;\ g_1 g_2)$$

d. h. gleich dem mit $1 : 2i$ multiplizierten Doppelverhältnis der beiden Geraden mit den aus ihrem Schnittpunkt an den Fk. gelegten (imaginären) Tangenten.

Für das Bogenelement bekommt man durch Einsetzen der Ausdrücke für x, y, z durch ξ, η, ζ nach kurzer Rechnung

$$ds^2 = \frac{d\xi^2 + d\eta^2 + (\eta d\xi - \xi d\eta)^2}{(\xi^2 + \eta^2 + 1)^2}$$

ebenso für den Winkel $d\varphi$ der Geraden

$$u_1 \xi + v_1 \eta + 1 = 0$$
$$u_2 \xi + v_2 \eta + 1 = 0$$

bei dieser Maßbestimmung

$$d\varphi^2 = \frac{du^2 + dv^2 + (udv - vdu)^2}{(u^2 + v^2 + 1)^2},$$

statt des euklidischen Maßes

$$d\varphi^2 = \frac{(udv - vdu)^2}{(u^2 + v^2)^2}.$$

Schließlich ist noch hervorzuheben, daß durch projektive Übertragung an Stelle des nullteiligen Fundamentalkreises irgend ein anderer nullteiliger Fundamentalkegelschnitt treten kann.

3. Die elliptische Geometrie. Die gnomonische Projektion der Kugel auf die Ebene ist zwei-eindeutig; jedem Paar von Gegenpunkten der Kugel, man kann auch sagen jedem Strahl durch den Mittelpunkt O der Kugel entspricht ein Punkt der Ebene. Die Maßbestimmung gibt also nicht ein Bild der Kugelgeometrie, sondern der Geometrie der Strahlenbündel.

Daraus ergibt sich eine eigentümliche Folgerung, die der Anschauung zunächst etwas fremd entgegentritt und zeigt, wie es zustande-kommt, daß die Ebene bei „elliptischer Maßbestimmung", also zum Strahlenbüschel in Beziehung gesetzt, nicht mehr durch eine Gerade in zwei getrennte Teile zerlegt wird. Das muß so sein, denn die drei Tatsachen: eindeutige Bestimmung einer Geraden durch zwei Punkte, Folge der eindeutigen Bestimmung einer Ebene durch O aus zwei Strahlen durch O, Erfüllung des archimedischen Postulats und Winkelsumme im Dreieck größer als π sind, wie wir wissen, nicht miteinander verträglich, wenn die Gerade die Ebene in zwei Teile zerlegt. (Vgl. § 4, Nr. 1.)

Es muß so sein. Aber wie kommt das zustande?

Man erhält Einblick, wenn man, von einem Drehkegel mit horizontaler Achse (etwa der x-Achse) ausgehend, den Öffnungswinkel erweitert, bis aus dem Kegel die Ebene $x = 0$ wird und jeweils die Spur auf der Bildebene $z = 1$ betrachtet (Fig. 37). Neben dem Kegel soll dabei noch ein innerer benachbarter Kegel herangezogen werden und in der Spur das Zwischengebiet schraffiert werden[1]).

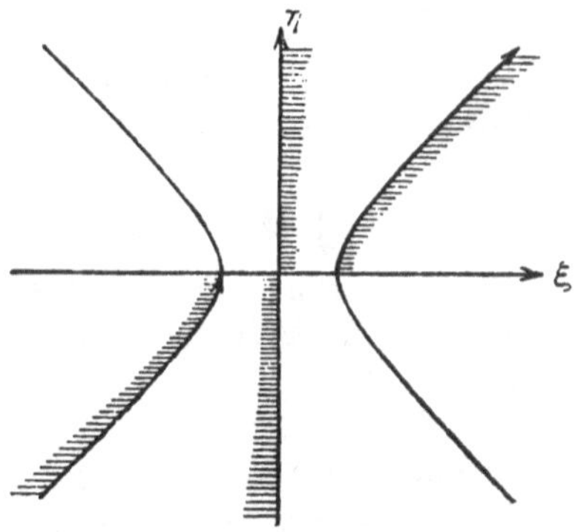

Fig. 37.

Beginnt man mit der Mantellinie, die in der Ebene $y = 0$ nach rechts ansteigt, geht dann zu der rechts horizontal nach hinten und weiter im Verlauf zu der links ansteigenden Mantellinie in $y = 0$ über, so beschreibt die Spur einen halben „Kreis", nämlich zwei halbe Hyperbeläste, den rechten rechts, den linken links schraffiert.

Steigern wir dann den halben Öffnungswinkel bis $\frac{\pi}{2}$, so daß aus dem Kegel eine Ebene wird, so ändert sich das Bild. Bei der entsprechen-

[1]) Nach einer mündlichen Mitteilung von Herrn K. Kommerell.

den Drehung erhalten wir als Spur erst die rechts schraffierte obere η Achse ($\xi = 0, \eta > 0$), dann den links schraffierten unteren Teil ($\eta < 0$) Die schraffierten Flächenteile hängen (im Euklidisch-Unendlichen) zu sammen und so wird klar, daß einmaliges Durchlaufen der η-Achs die Ebene nicht in zwei getrennte Teile zerlegt.

4. Geometrie mit Winkelsperre. Mit Poincaré[1]) kann mai zur hyperbolischen und sphärisch-elliptischen Geometrie noch eine dritt Geometrie fügen, gegründet auf eine projektive Maßbestimmung, wi sie außerhalb eines reellen Fundamentalkegelschnittes vorzunehmen wäre Man kann sie wohl das dualistische Gegenstück zur hyperbolischen Maß bestimmung nennen.

Wieder sind die Punkte des Fk. „unendlichfern", so daß es dreierle Geraden gibt, solche von endlicher Länge (Nichtsekanten, elliptisch Geraden), solche mit einem unendlichfernen Punkt (Tangenten, para bolische Geraden) und solche mit zwei unendlichfernen Punkten (Se kanten = hyperbolische Geraden).

Ganz abenteuerlich werden die Winkelbeziehungen. Es gib keine Drehung um einen Feldpunkt P, bei der eine elliptische Gerad in eine parabolische oder hyperbolische überginge; die elliptischen Ge raden durch P schließen endliche Winkel ein, aber mit den beiden durcl P gehenden parabolischen Geraden unendlichgroße, mit den hyperboli schen gar imaginäre Winkel!

Ein Kompaß wäre wegen dieser Winkelsperre unmöglich, ein Uhr auch — und doch kann man von jedem Punkt aus sich in jeder be liebigen Richtung bewegen.

Übrigens ist es eine ganz interessante Belehrung, zu sehen, dal die Bewegungsmöglichkeit nach jeder Richtung nicht notwendig die „Dreh freiheit um einen Punkt" bedingt.

§ 28. Raumgeometrie und Parallelentheorie.

1. Absolute Polaren und Cliffordparallelen. Wir fahrei jetzt im synthetischen Aufbau der Geometrie fort und gehen zum Raur über.

Die verschiedenen durch eine Gerade g des sphärischen Raume gehenden S_2 können durch Drehung zur Deckung gebracht werden In jeder dieser S_2 hat g als Hauptkreis zwei (bzw. im elliptischen Fal einen) Mittelpunkt. Der Ort dieser Mittelpunkte ist ein Kreis vom Ra dius $\frac{\pi}{2}$, d. h. also ein Hauptkreis oder, was dasselbe ist, wieder eine Ge

---

[1]) Sur les hypothèses fondamentales de la géometrie, Bull. Soc. math. 1 (1887), p. 203-216.

rade g'. Jeder Punkt von g' ist Pol (Synonym für Mittelpunkt) von g und umgekehrt, alle geraden Strecken, die g und g' verbinden, sind gleich lang $\left(\frac{\pi}{2}\right)$ und stehen auf g und g' senkrecht.

Wir wollen von diesen Geraden sagen: sie sind ein Paar absoluter Polaren.

Führt man eine Drehung (φ) des Raumes um g als Achse aus, so wandert dabei jeder Punkt P' auf g' um die Strecke φ, also:

Drehung des Raumes mit Drehwinkel φ und Achse g ist dasselbe wie Schiebung längs g' um die Strecke φ.

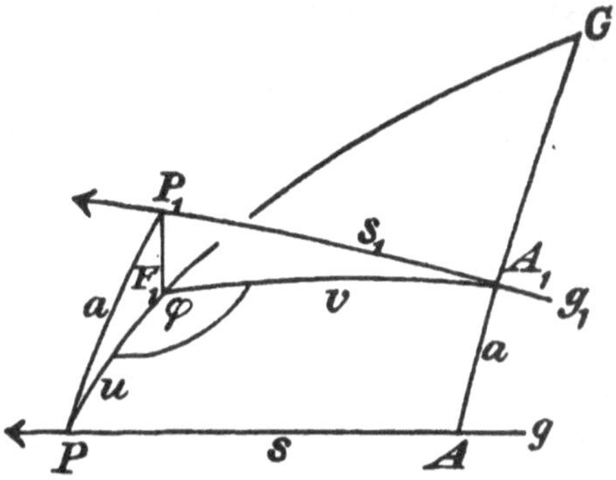

Fig. 38.

Wir wollen jetzt auf g in A die Senkrechte $AA_1 = a$ errichten und um $a' = \frac{\pi}{2} - a$ bis zum Pol G verlängern, so daß G ein Pol von g ist. In der Ebene gG konstruieren wir dann das „Stumpfeck" AA_1F_1P mit stumpfem Winkel φ bei F_1. Auf dieser S_2-Ebene errichten wir noch in F_1 die Senkrechte und bestimmen auf ihr P_1 so, daß $PP_1 = AA_1$ ist. Das ist möglich, denn im Stumpfeck ist $PF_1 < AA_1$.

Im rechtwinkligen Dreieck GF_1A_1 sind dann die Bestimmungsstücke

$$\frac{\pi}{2} - u,\ v,\ \frac{\pi}{2} - a;\ s, \pi - \varphi.$$

Hierzu gibt es die zugeordneten Dreiecke

$$c_1 = a,\ a_1 = \frac{\pi}{2} - \left(\frac{\pi}{2} - u\right) = u,\ b_1 = \frac{\pi}{2} - (\pi - \varphi) = \varphi - \frac{\pi}{2};$$

$$\alpha_1 = \frac{\pi}{2} - v,\ \beta_1 = s$$

und

$$c_2 = s,\ a_2 = v,\ b_2 = \varphi - \frac{\pi}{2};\ \alpha_2 = \frac{\pi}{2} - u,\ \beta_2 = a.$$

Das rechtwinklige Dreieck PF_1P_1 stimmt mit dem ersten in zwei Stücken überein (Hypotenuse und eine Kathete), demnach lassen sich die andern Stücke angeben; es ist also z. B.

$$F_1P_1 = \varphi - \frac{\pi}{2}.$$

Dann hat also das rechtwinklige Dreieck $A_1F_1P_1$ mit dem zweiten Dreieck die Katheten gleich, woraus folgt

$$A_1P_1 = s.$$

Demnach sind die Dreiecke PAA_1 und A_1P_1P kongruent, also

$$\sphericalangle A_1 P_1 P = \frac{\pi}{2}.$$

So ergibt sich der Satz: **Errichtet man in A auf g die Senkrechte $AA_1 = a$, so gibt es durch A_1 zwei Gerade, die von g den konstanten senkrechten Abstand a haben, beide schließen mit der Ebene (g_1A_1) den Winkel a ein.**

Wir wollen diese Geraden, auf die Clifford durch projektive Maßbestimmung gekommen ist — Bonola hat später die direkte, aus der Anschauung des sphärisch-elliptischen Raumes gewonnene Konstruktion hinzugefügt —, die Clifford-Parallelen zu g durch A_1 nennen.

Dieser neue Parallelismus hat mit dem euklidischen gemein, daß zwei Parallele konstanten senkrechten Abstand besitzen. Ungewohnt ist, daß zwei Parallele zueinander stets windschief sind. Im übrigen tritt, wie in der hyperbolischen Geometrie, ein „Parallelwinkel" auf; denn so werden wir sinngemäß den Winkel

$$\sphericalangle F_1A_1P_1 = a$$

bezeichnen. Für $a = \frac{\pi}{2}$ fallen die beiden Clifford-Parallelen zusammen in die absolute Polare von g.

2. Die Clifford-Fläche. Die Clifford-Fläche ist einzuführen als Drehzylinder (mit der Achse g und dem Radius a). Sie ist dann zugleich Drehzylinder mit der Achse g' (Polare von g) und Radius $\frac{\pi}{2} - a$.

Auf ihr liegt ein Geradennetz, nämlich die Parallelen, die von g den Abstand a $\left(\text{von } g' \text{ den Abstand } \frac{\pi}{2} - a\right)$ besitzen.

Aus ihrer Konstruktion als „Drehzylinder" ist zu entnehmen, daß auf ihr die euklidische Feldgeometrie herrscht, weil jede Cliffordfläche durch Meridiane und Parallelkreise in kongruente Rechtecke zerlegt werden kann.

Wir wollen aber diese Tatsache noch mehr der Anschauung zugänglich machen, wobei als Zwischenstufe Funktionalgleichungen heranzuziehen sind.

Man kann den Drehzylinder längs einer Mantellinie (hier keine Gerade, sondern Abstandslinie bzw. Kreis, dessen Mittelpunkt auf der absoluten Polare der Achse liegt) aufschneiden und einrollen, so daß er Drehzylinder bleibt. Dabei kann man erreichen, daß eine die Meridiane unter dem Winkel φ schneidende Schraubenlinie Clifford-Parallele zur Achse wird, man braucht nur den Radius des Drehzylinders gleich φ zu wählen.

Betrachten wir jetzt auf der Fläche vom Radius φ eine gerade

Strecke $AB = c$, fällen von A und B aus die Lote $AA' = BB' = \varphi$ auf die Achse und legen durch A den Meridian (AC) durch B den Parallelkreis (BC), so entsteht ein rechtwinkliges Dreieck. Hier fällt dann noch der Fußpunkt C' des Lotes CC' auf die Achse mit B' zusammen und es ist

$$A'B' = AB = c.$$

Setzen wir noch

$$(BC) = a, \ (AC) = b,$$

so wird

$$a = c \cdot U(\varphi), \ b = c \cdot U\left(\frac{\pi}{2} - \varphi\right),$$

also wegen

$$U(\varphi) = \sin \varphi$$
$$a^2 + b^2 = c^2.$$

Auf diesem Wege würde der „Sphäriker", der zuvor seine „Umfangsfunktion" studiert hat — wie der Euklidiker die Funktionen Sinus φ —, dazu gelangen, den pythagoräischen Lehrsatz zu finden für ein rechtwinkliges Dreieck der Clifford-Fläche, dessen Katheten einem Meridian- und Parallelkreis angehören und dessen Hypotenuse zunächst geradlinig ist, dann aber durch „Einrollung" zur allgemeinen Schraubenlinie sich umformt.

Von hier aus findet man den pythagoräischen Lehrsatz allgemein für jedes aus Schraubenlinien gebildete rechtwinklige Dreieck ABC. Denn aus der Natur der Schraubenlinien folgt, daß die Winkelsumme im Dreieck zwei Rechte beträgt und wenn man dann Parallelkreise und Meridiane durch A und C legt und mit Meridian und Parallelkreis durch B zum Schnitt bringt, so erhält man bei Berechnung dieser Projektionen

$$-aU\left(\frac{\pi}{2} - \varphi\right) + bU(\varphi) = cU(\varphi - a)$$

$$aU(\varphi) + bU\left(\frac{\pi}{2} - \varphi\right) = cU\left(\frac{\pi}{2} - \varphi + a\right),$$

wobei φ der Winkel von BC mit dem Meridian durch B ist, und daraus allgemein

$$a^2 + b^2 = c^2.$$

Mit dem pythagoräischen Lehrsatz ist der Eintritt zur euklidischen Geometrie freigelegt; so bequem wie der Euklidiker hat es der Sphäriker freilich nicht. Der eine kann den Drehzylinder ausrollen bis zur Ausbreitung in die Ebene, der andere sieht beim Ein- oder Ausrollen beidemal schließlich seine Fläche einschrumpfen auf eine Gerade, die dann unendlich oft umwickelt wird. Die ansehnlichste Clifford-Fläche ist die mit dem Radius $a = \frac{\pi}{2} - a = \frac{\pi}{4}$, alle andern legen sich enger um eine der beiden Drehachsen.

3. Sphärisch-elliptische Maßbestimmungen im euklidischen Raum. Den in § 27 gegebenen Maßbestimmungen in der Ebene lassen sich entsprechende im Raum sofort an die Seite setzen.

Der S_3 (sphärische Raum) hat analytisch die innere Geometrie der dreidimensionalen Kugel

$$x_1^2 + x_2^2 + x_3^2 + x_4^2 = 1$$

im vierdimensionalen euklidischen Raum.

Man bildet dann wieder durch

$$x_1 : x_2 : x_3 : x_4 : 1 = 2\xi : 2\eta : 2\zeta : \xi^2 + \eta^2 + \zeta^2 - 1 : \xi^2 + \eta^2 + \zeta^2 + 1$$

„stereographisch" auf einen euklidischen Raum ab, stellt leicht fest, daß die Abbildung winkeltreu ist, daß den „Ebenen S_2" des S_3 die Kugeln

$$2A\xi + 2B\eta + 2C\zeta + D(\xi^2 + \eta^2 + \zeta^2 - 1) = 0$$

entsprechen usw. (vgl. § 27, 1).

Erwähnt sei, daß den Clifford-Flächen die Dupinschen Zykliden entsprechen, also die Flächen, die man im euklidischen Raum aus dem Kreisring (Torus) bei Transformation durch reziproke Radien erhält.

Der elliptischen Maßbestimmung in der Ebene entspricht auch eine elliptische Maßbestimmung im Raum. Als Fundamentalfläche ist die imaginäre Kugel

$$\xi^2 + \eta^2 + \zeta^2 + 1 = 0$$

oder sonst eine „nullteilige" Fläche zweiten Grades zu benützen. Das Entfernungsmaß wird im speziellen (vgl. § 27, 2) bestimmt durch

$$\cos s = \frac{\xi_1 \xi_2 + \eta_1 \eta_2 + \zeta_1 \zeta_2 + 1}{\sqrt{\xi_1^2 + \eta_1^2 + \zeta_1^2 + 1}\,\sqrt{\xi_2^2 + \eta_2^2 + \zeta_2^2 + 1}},$$

also drückt sich die Forderung $s = \frac{\pi}{2}$ aus durch

$$\xi_1 \xi_2 + \eta_1 \eta_2 + \zeta_1 \zeta_2 + 1 = 0,$$

d. h. die beiden Punkte liegen zueinander konjugiert hinsichtlich der Fundamentalkugel.

Jedes Paar konjugierter Polaren hinsichtlich der Fk. ist dann zu deuten als ein Paar von Clifford-Parallelen.

Die früheren Rechnungen brauchen wohl nicht von neuem — einfach mit einem Buchstaben mehr — wiederholt zu werden und die einzelnen Erkenntnisse sind bereits durch den inneren Aufbau der Geometrie des S_3 gewonnen, brauchen also nicht nochmals aus Umdeutungen, „Als-Ob-Geometrien" errungen zu werden durch Maßbestimmungen im euklidischen Raum.

§ 29. E. Study's Speergeometrie.

Die synthetische Theorie des sphärisch-elliptischen Raumes setzt uns in den Stand, ohne Rechnung einigen Einblick in E. Studys Geometrie der mit Richtungssinn behafteten Geraden des S_3 zu erhalten. Wir wollen diese Gebilde als gerichtete „Speere" bezeichnen[1]).

1. Parallel gerichtete Speere. A sei ein Punkt einer Geraden g_a; sie ist Trägerin zweier Speere, eines Links-Speers g_a'' und eines Rechts-Speers g_a'. Wir denken uns jetzt auf g_a in A die Senkrechte AB errichtet und durch B den zu g_a linksparallelen Speer g_b'' und den zu g_a' rechtsparallelen Speer g_b' gelegt. Beide liegen in der Ebene E', die auf AB in B senkrecht steht und werden aus der in $(g_a AB)$ gelegenen, auf AB in B senkrechten Geraden durch Links-(Rechts-)drehung um den Winkel (AB) erhalten.

Dann gilt (wie in der hyperbolischen Geometrie) der Satz: Zwei einem dritten rechts-(links-)parallele Speere sind zueinander rechts-(links-)parallel.

A sei ein Punkt von g_a, E eine Ebene, die g_a in A senkrecht schneidet. Durch B und C in E legen wir die zu g_a rechtsparallelen Speere g_b' und g_c'. Es sei ferner P ein Punkt auf g_a, der rechts von A liegt. Durch P legen wir die Ebene senkrecht zu g_a, die von g_b' und g_c' in Q' und R' getroffen wird. Dann ist wegen des Parallelismus

$$AP = BQ' = CR'$$

und $$AB = PQ',\ AC = PR'.$$

Ein und dieselbe (rechtsläufige) Schraubung um g_a verwandelt AB in PQ' und AC in PR', Schiebungsstrecke längs der Achse und Drehwinkel sind beide gleich AP. Dann sind also die beiden Dreiecke ABC und $PQ'R'$ kongruent. Ferner hat man im windschiefen Vierseit $BC\,R'Q'$:

$$BC = Q'R',\ BQ' = CR',$$

daher die Gegenwinkel

$$\sphericalangle\, Q'R'C = \sphericalangle\, CBQ',$$
$$\sphericalangle\, R'Q'B = \sphericalangle\, BCR',$$

und unabhängig von P. Also ist auch (bei beliebiger Wahl von Q') das von Q' auf g_c' gefällte Lot gleich dem von B auf g_c' gefällten Lot. Demnach sind g_b' und g_c' parallel und zwar rechtsparallel; in aller Kürze

[1]) E. Study, Beiträge zur nichteuklidischen Geometrie, Am. Journal of Math. 29 (1907) S. 116-167. Herr Blaschke hat mich 1912 darauf hingewiesen, daß diese schönen Untersuchungen auch der Anschauung unmittelbar zugänglich sind. Die in der zweiten Auflage gegebene synthetische Behandlung ist jetzt weiter entwickelt, eine Wendung, die, nachdem einmal Bonola den sphärischen Raum in diesem Sinne in Angriff genommen hat, ganz natürlich folgen mußte.

kann man sagen: **Alle geraden Schraubenlinien** (Parallelen zur Schraubenachse) **einer Rechtsschraubung sind rechtsparallel zueinander und zur Achse.** Dasselbe gilt für Linksschraubung.

2. **Studys Abbildung.** Wir legen durch den Mittelpunkt O einer Kugel den zu g rechtsparallelen und den linksparallelen Speer und erhalten so, eindeutig bestimmt als Schnittpunkte dieser Speere mit der Kugel, die Punkte R und L. Das ist **Studys** Abbildung der Speere des elliptischen Raumes auf die Punktpaare einer Kugel.

Nach **Study** gilt dann der Satz: Sind $R_1 L_1$ die Bildpunkte von g_1, $R_2 L_2$ die Bildpunkte von g_2, φ ihr gemeinsames Lot $F_1 F_2$, ψ ihr Winkel, d. h. der Winkel, durch den man g_1 um die Achse $F_1 F_2$ drehen muß, damit es in eine Ebene mit g_2 zu liegen kommt, so ist

$$(R_1 R_2) = \sphericalangle R_1 O R_2 = \psi - \varphi,$$
$$(L_1 L_2) = \sphericalangle L_1 O L_2 = \psi + \varphi.$$

Um den Satz zu beweisen, fällt man von O das Lot OF auf $F_1 F_2$ und führt nun die Bezeichnungen ein

$$OF = u, \quad FF_1 = \varphi_1, \quad FF_2 = \varphi_2 = \varphi_1 - \varphi.$$

Es sind dann etliche Hilfslinien zu ziehen. Zunächst durch F die zu g_1 und g_2 linksparallelen Speere h_1 und h_2; sie stehen auf $F_1 F_2$ in F senkrecht und schließen mit der Verlängerung von OF die Winkel

$$\psi_1 + \varphi_1, \quad \psi_2 + \varphi_2$$

ein; dabei sind ψ_1 und ψ_2 die Winkel der Speere g_1 und g_2 mit ihren senkrechten Projektionen auf die Ebene $OF F_1 F_2$ und $\psi_1 - \psi_2 = \psi$ ist der Winkel von g_1 und g_2. Dann gibt es einen von F ausgehenden, mit h_1 und h_2 in einer Ebene gelegenen Speer h, der wie h_1 und h_2 auf OF senkrecht steht und mit h_1 den Winkel $\frac{\pi}{2} - \varphi_1 - \psi_1$, mit h_2 den Winkel $\frac{\pi}{2} - \varphi_2 - \psi_2$ einschließt.

Endlich sei $OH_1 = v_1$ das Lot von O auf h_1, k und k_1 die zu OF und OH_1 senkrechten in (OFH_1) gelegenen von O ausgehenden Speere, K und K_1 ihre Spuren auf der Bildkugel und LL_1 die Spuren der durch O zu h und h_1 gelegten Linksparallelen auf der Bildkugel.

Dann ist in dem sphärischen Viereck $KK_1 LL_1$

$$\sphericalangle LKK_1 = \sphericalangle KK_1 L_1 = \frac{\pi}{2}$$
$$(KL) = OF = u$$
$$(K_1 L_1) = OH_1 = v_1$$

und
$$(KK_1) = \sphericalangle (k, k_1) = \sphericalangle FOH_1 = \chi_1.$$

Dann gibt es zum rechtwinkligen Dreieck $OH_1 F$ mit den Bestimmungsstücken

$$a = H_1F = w_1,\ b = OH_1 = v_1,\ c = OF = u$$
$$\beta = \sphericalangle\, OFH_1 = \varphi_1 + \psi_1,\ \alpha = \sphericalangle\, H_1OF = \chi_1$$

nach der Neperschen Regel ein zugeordnetes Dreieck mit

$$a_1 = c' = \frac{\pi}{2} - u,\ b_1 = \beta' = \frac{\pi}{2} - \varphi_1 - \psi_1,\ c_1 = b' = \frac{\pi}{2} - v_1$$
$$\alpha_1 = a' = \frac{\pi}{2} - w_1,\ \beta_1 = \alpha = \chi_1$$

und diesem angeschlossen ein Stumpfeck mit dem einzigen von $\frac{\pi}{2}$ verschiedenen Winkel

$$\pi - \alpha_1 = \frac{\pi}{2} + w_1,$$

an den sich die Seiten schließen:

$$b_1 = \frac{\pi}{2} - \varphi_1 - \psi_1,\ \frac{\pi}{2} - a_1 = u,\ \beta_1 = \chi_1,\ \frac{\pi}{2} - c_1 = v_1.$$

Dieses Viereck stimmt mit dem Viereck $KK_1 LL_1$ überein in drei Winkeln $\left(\frac{\pi}{2}, \frac{\pi}{2}, \chi_1\right)$ und zwei Seiten u und v_1, ist daher mit ihm kongruent. Demnach ist auch

$$(LL_1) = \sphericalangle\, LOL_1 = \frac{\pi}{2} - \varphi_1 - \psi_1,\ \sphericalangle\, KLL_1 = \frac{\pi}{2}, \sphericalangle\, LL_1K_1 = \frac{\pi}{2} + w_1.$$

Bildet man h_2 in derselben Weise ab, so liegt wegen $\sphericalangle\, KLL_2 = \frac{\pi}{2}$ der Punkt L_2 mit L und L_1 in einer Ebene und man erhält genau so

$$(LL_2) = \frac{\pi}{2} - \varphi_2 - \psi_2,$$

daher

$$(L_1L_2) = \frac{\pi}{2} - \varphi_2 - \psi_2 - \left(\frac{\pi}{2} - \varphi_1 - \psi_1\right) = \varphi_1 - \varphi_2 + \psi_1 - \psi_2 = \varphi + \psi.$$

In derselben Weise findet man bei den Bildern (Spuren) R_1R_2 der Rechtsparallelen zu g_1 und g_2 durch O unter Verwendung des Bildes R des zu h rechtsparallelen Speeres

$$(RR_1) = \frac{\pi}{2} - (\psi_1 - \varphi_1),$$
$$(RR_2) = \frac{\pi}{2} - (\psi_2 - \varphi_2),$$

daher $$(R_1R_2) = \psi_1 - \psi_2 - (\varphi_1 - \varphi_2) = \psi - \varphi.$$

Damit ist der folgenreiche Studysche Satz bewiesen.

3. Folgerungen (Raumbewegung und Kugeldrehung). Die Speere g des elliptischen Raumes sind jetzt abgebildet auf die Punktpaare LR einer doppelt überdeckten Kugel (Linkskugel K_l und Rechtskugel K_r) und es ist für zwei Speere g_1 und g_2

$$(R_1 R_2) = \alpha - \beta, \quad (L_1 L_2) = \alpha + \beta,$$

wobei man nach Belieben α als Winkel, β als kürzesten Abstand der beiden Geraden auffassen kann oder umgekehrt. (Die Beziehung zwischen Lot und Winkel zweier Geraden ergibt sich so: auf h nehme man P und Q beliebig an, PQ sei gleich β. Dann errichtet man senkrecht auf h in P und Q die Strecken $PP' = QQ' = \frac{\pi}{2}$, die durch Drehung um α ineinander übergehen mögen. Auf der absoluten Polare h' von h ist dann $P'Q' = \alpha$ und der Winkel von $P'P$ und $Q'Q$ ist β.)

Hieraus folgt: Zwei Speere mit den Bildpunkten L_1R_1 und L_2R_2 schneiden einander nur dann ($\beta = 0$), wenn

$$(R_1 R_2) = (L_1 L_2).$$

Den ∞^2 Speeren durch einen festen Punkt des elliptischen Raumes entspricht also eine kongruente Zuordnung

$$R \rightarrow L$$

der Punkte der Bildkugel.

Der Spezialfall, wenn die Speere durch O gehen, der Parallelwinkel also Null ist, lehrt, daß es sich um Kongruenz im eigentlichen Sinn, nicht um Drehung und Spiegelung handelt.

Auch der Gesamtheit der Speere in einer Ebene S_2 muß eine Kongruenz entsprechen, denn auch hier ist für je zwei Speere $\beta = 0$.

Hier aber handelt es sich um indirekte Kongruenz, denn wenn man zum Beispiel für S_2 die Kugel vom Radius $\frac{\pi}{2}$ nimmt, das ist eine Ebene des sphärisch-elliptischen Raumes, so ist für einen in S_2 gelegenen Speer der Parallelwinkel $\frac{\pi}{2}$, d. h. die beiden abbildenden Speere durch O haben dieselbe Gerade als Trägerin, die Punkte $L\,R$ sind Gegenpunkte. Die Zuordnung

$$L \rightarrow R$$

ist also „Übergang zum Antipoden", und das ist bekanntlich indirekte Kongruenz, analytisch dargestellt durch

$$x_r = -x_l, \quad y_r = -y_l, \quad z_r = -z_l.$$

Allgemein entsprechen den Bewegungen der Speere Paare von Drehungen.

Denn für zwei Speere ändert sich weder a_{12} noch β_{12}, man hat also vor und nach der Bewegung

$$(R_1 R_2) = a_{12} - \beta_{12} = (R_1' R_2')$$
$$(L_1 L_2) = a_{12} + \beta_{12} = (L_1' L_2').$$

Die erste Gleichung schließt die Kongruenz (direkt oder indirekt) der Rechtskugel ein, die zweite ebenso für die Linkskugel.

Nehmen wir die Speerachse einer Clifford-Fläche mit dem Radius β, wobei die Achse durch O gehen soll, und suchen dann die Bilder der rechtsparallelen Erzeugenden der Fläche, so fallen sie mit dem Bild R des Achsenspeeres zusammen ($a - \beta = 0$), die Bilder der linksparallelen Speere ($a + \beta = 2\beta$) liegen dann auf einem Kreis vom Radius 2β. Bei nachträglicher Bewegung ändert sich das Bild nicht. Also gilt der Satz: Einer Cliffordschen Fläche, d.h. einem Drehzylinder vom Radius β entspricht auf der Kugel ein Kreis vom Radius 2β.

Damit wollen wir die an geometrischen Beziehungen reiche „Speergeometrie" verlassen, nachdem wir uns davon überzeugt haben, daß in der Cliffordschen Parallelentheorie die Kette der rechtwinkligen Dreiecke § 25, 2 eine ebenso wichtige Rolle spielt wie früher in der hyperbolischen Geometrie bei allen mit Parallelentheorie verbundenen Fragen der dort aufgestellte Dreieckszyklus.

Die euklidische Geometrie hat ihm nichts an die Seite zu stellen und die Anschauung paßt sich an, wenn einmal der euklidische Standpunkt aufgegeben ist. Will sie sich aber nicht fügen, so steht im euklidischen Raum eine Auswahl von Hilfsvorstellungen bereit.

Sechstes Kapitel.

Mechanik und spezielle Relativitätstheorie.

§ 30. Geometrie und Statik.

Aus der Statik kann die Geometrie abgeleitet werden. Zu beginnen ist mit der Kräftezusammensetzung in einem Punkt. Nimmt man dann die Verlegbarkeit der Kraft in ihrer Angriffslinie dazu, also die Existenz starrer Körper, so wird man von selbst auf die drei Geometrien geführt.

1. Die Kräfte im Punkt. Die Zusammensetzung wird abgeleitet aus fünf Axiomen:

I. Zwei oder mehrere in einem Punkt angreifende Kräfte haben eine bestimmte Resultante.

II. Die Resultante von zwei gleichen entgegengesetzten Kräften ist Null.

III. Kräfte im selben Punkt und in derselben Angriffslinie addieren sich.

IV. Die Resultante zweier gleichen Kräfte fällt in die Halbierungslinie der Angriffslinien.

V. Die Intensität der Resultante ist eine stetige Funktion der Intensitäten der Komponenten.

Es sei R der Wert der Resultante zweier gleicher Kräfte P, die den Winkel $2a$ einschließen, wir setzen dann

$$R = 2F(P, a).$$

Nimmt man dann statt P die Intensität nP, so kommt wegen der III. als Resultante

$$nR = 2F(nP, a),$$

denn man kann jede Kraft nP in n Kräfte P zerlegen, deren Resultante R in der Winkelhalbierenden liegt und dann addieren. Diese Beziehung gilt aber nicht nur für ganzzahliges n, sondern es ist für jedes rationale k

$$kR = 2F(kP, a).$$

Aus V. folgt dann

$$F(P,a) = Pf(a).$$

Sodann betrachtet man den einfachsten Fall, wobei die Kräfte P einen rechten Winkel einschließen. Die Resultante R halbiert den Winkel (IV.) und kann zerlegt werden in $2 \times R:2$. Wir bringen dann noch im Angriffspunkt auf den beiden zur Halbierungslinie senkrechten Halbstrahlen die Kräfte $R:2$ in entgegengesetzter Richtung an, so daß sie sich aufheben (II).

Es ist dann einerseits

$$R = 2Pf\left(\frac{\pi}{4}\right)$$

und anderseits

$$P = 2\frac{R}{2}f\left(\frac{\pi}{4}\right),$$

woraus folgt

$$1 = 2f^2\left(\frac{\pi}{4}\right)$$

$$f\left(\frac{\pi}{4}\right) = 1:\sqrt{2} = \cos\frac{\pi}{4}.$$

Sodann erhält man leicht die Funktionalgleichung, die zeigt, daß $f(a)$ allgemein gleich $\cos a$ ist. Man bringt im Angriffspunkt viermal die Kraft P an, wir wollen je nach der Lage durch Fußmarken unterscheiden. P_1 und P_2 sollen den Winkel 2β einschließen, P_3 und P_4 ebenfalls, und die Resultante R_1 der ersten beiden Kräfte mit der (ihr gleichen) Resultante

R_2 der letzten beiden den Winkel 2α. Die Resultante R kann man aus R_1 und R_2 erhalten und bekommt

$$R = 4Pf(\alpha)\,f(\beta).$$

Anderseits kann man P_1 und P_4 vereinigen zu

$$R_3 = 2Pf(\alpha + \beta)$$

und P_2 und P_3 zu

$$R_4 = 2Pf(\alpha - \beta),$$

R_3 und R_4 fallen in die gemeinsame Winkelhalbierende von P_1P_4, P_2P_3 und R_1R_2 und ergeben

$$R = 2P(f(\alpha + \beta) + f(\alpha - \beta)).$$

Hieraus folgt die schon früher (§ 26, Nr. 1) verwendete Funktionalgleichung

$$f(\alpha + \beta) + f(\alpha - \beta) = 2f(\alpha)\,f(\beta),$$

als deren einzige Lösung hier in Betracht kommt

$$f(\alpha) = \cos\alpha,$$

was aus dem für $\alpha = \frac{\pi}{4}$ erhaltenen Spezialwert folgt.

2. Kräfteverlegung. Legt man zwei rechtwinklige Dreiecke $(a, b, c; \lambda, \mu)$ mit den Katheten (a) aneinander, so daß ein gleichschenkliges Dreieck ABA' entsteht und läßt in B gleiche Kräfte T längs BA, T' längs BA' wirken, so kann man die resultierende Kraft R nach C verlegen und T und T' nach A und A' und kann dort wieder in Komponenten Q, P und $Q'P'$ zerlegen (Fig. 39).

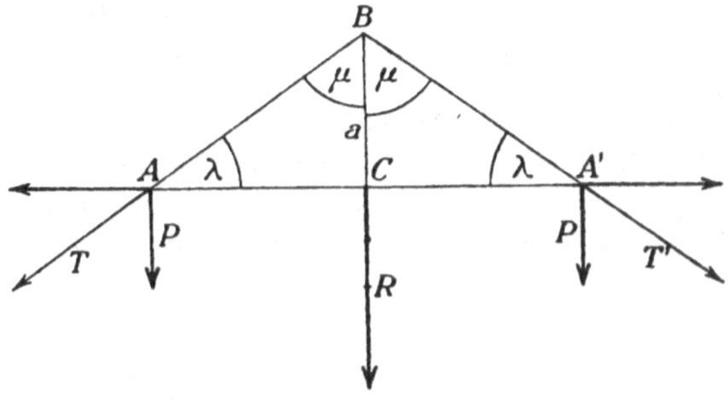

Fig. 39.

Es ist dann

$$P = T\sin\lambda$$

und

$$R = 2T\cos\mu = 2P\,\frac{\cos\mu}{\sin\lambda}.$$

Damit ist die Resultante der Kräfte P_1P' bestimmt. Wir müssen jetzt nur noch eine einfache Konstruktion ausführen, um ähnlich wie in Nr. 1 zu den trigonometrischen Grundformeln zu gelangen.

Zu diesem Zweck denken wir uns senkrecht zu einer Geraden viermal die Kraft P angreifend. Die Angriffspunkte von P_1 und P_2 sollen den Abstand $2a$ besitzen, ebenso die Angriffspunkte von P_3 und P_4. Ihre Resultanten sind

$$R_1 = 2P\varphi(a) = R_2,$$

wobei φ eine noch zu bestimmende Funktion ist.

R_1 und R_2 haben die Resultante

$$4P\varphi(a)\ \varphi(b),$$

wenn $2b$ der Abstand der Mitten zwischen den Angriffspunkten von P_1 und P_2 einerseits, P_3 und P_4 anderseits ist.

Vereinigt man dagegen zuerst P_1 und P_4, dann P_2 und P_3, so erhält man

$$R = 2P\varphi(a+b) + 2P\varphi(b-a)$$

und gelangt zu der Funktionalgleichung

$$\varphi(a+b) + \varphi(b-a) = 2\varphi(b)\ \varphi(a),$$

deren Lösungen wir kennen (§ 26, Nr. 1).

Vergleicht man die beiden Werte

$$\frac{2P\cos\mu}{\sin\lambda} = R = 2P\varphi(b),$$

so gelangt man zu den drei Beziehungen

$$\cos\mu = \sin\lambda\cdot\operatorname{ch}\frac{b}{k}\quad \text{(hyperbolische Geometrie)},$$
$$\cos\mu = \sin\lambda\cos\frac{b}{k}\quad \text{(sphärische ,,)},$$
$$\cos\mu = \sin\lambda\quad \text{(euklidische ,,)}$$

im rechtwinkligen Dreieck.

Diese statische Überlegung kann als Ersatz der früheren Betrachtung in § 26 dienen, sie drängt die Grenzübergänge weniger auf, die hier eben in versteckter Form das Axiom V birgt, so daß sie in der Konstruktion nicht zutage treten [1]).

[1]) Als Autor ist in erster Linie A. Genocchi zu nennen: Sur une mémoire de Daviet de Foncenex et sur les géometries non euclidiennes, Torino Mem. (2) 29 (1877). Im übrigen sei auf die Angaben in Bonola (1. Auflage, Leipzig 1908), S. 224 und 226 verwiesen. — Die nichteuklidische Statik in Verbindung mit Kinematik wird ausführlich behandelt von F. Lindemann, Über unendlich kleine Bewegungen und über Kraftsysteme bei projektiver Maßbestimmung, Math. Ann. J. (1874), S. 56-143, wobei sich zeigt, daß für diese Fragen die Cayley-Kleinsche Maßbestimmung die bei weitem überlegene Methode ist. So ließ sich der Beweis eines Satzes aus der Theorie der Fachwerke (H. Liebmann, Ausnahmefachwerke und ihre Determinante, Münch. Ber. 1920, S. 197-227) im euklidischen Raum ganz von selbst mit übertragen auf die nichteuklidischen Geometrien.

§ 31. Dynamik in der hyperbolischen Ebene.

1. Die dynamischen Differentialgleichungen. Es sollen die Differentialgleichungen der Bewegung in bekannter Weise aus dem Satz abgeleitet werden, daß die Beschleunigungskomponenten gleich den Kraftkomponenten sind. Da aber kein rechtwinkliges Parallelkoordinatensystem zur Verfügung steht, so ist für diese Betrachtung ein besonderer Ansatz erforderlich, wenn man nicht etwa die Lagrangeschen Gleichungen als „Axiom" übernehmen will.

Am geeignetsten ist das System der Polarkoordinaten, da man von hier aus durch Verwendung der Formeln für das rechtwinklige Dreieck zum Ziel kommt.

Die Kraftkomponenten sollen mit

$$R, \quad \Phi \operatorname{sh}^{-1} r$$

bezeichnet werden, denn dann hat die Arbeit, die beim Weg $(dr, d\varphi)$ geleistet wird, die einfache Form

$$R dr + \Phi \operatorname{sh}^{-1} r \cdot \operatorname{sh} r d\varphi = R dr + \Phi d\varphi.$$

Sodann betrachten wir die Lagen (r, φ) und (r_1, φ_1) und führen ein rechtwinkliges System ein, $\bar{x}$ auf dem Radius (φ) von P an nach außen positiv gemessen; die Ordinate ist dann das von P_1 auf diese $\bar{x}$-Achse gefällte Lot. Aus den Formeln für das rechtwinklige Dreieck (§ 17, Nr. 2) folgt

$$\operatorname{th}(r + \bar{x}) = \operatorname{th} r_1 \cos(\varphi_1 - \varphi), \quad \operatorname{sh} \bar{y} = \operatorname{sh} r_1 \sin(\varphi_1 - \varphi).$$

Die Beschleunigungskomponenten sind hieraus so zu berechnen: man erhält durch Differentiation, indem man r_1 und φ_1 als Funktionen der Zeit betrachtet, $\bar{x}', \bar{x}'', \bar{y}', \bar{y}''$. Nachträglich ist dann $r_1 = r, \varphi_1 = \varphi$ zu setzen. Die dabei sich ergebenden Werte von $\bar{x}''$ und $\bar{y}''$ sind in die Gleichungen

$$\begin{aligned} \bar{x}'' &= R \\ \bar{y}'' &= \Phi \operatorname{sh}^{-1} r \end{aligned}$$

einzusetzen. Man erhält

$$\frac{\bar{x}'}{\operatorname{ch}^2(r + \bar{x})} = \frac{r_1'}{\operatorname{ch}^2 r_1} \cos(\varphi_1 - \varphi) - \varphi_1' \sin(\varphi_1 - \varphi) \operatorname{th} r_1$$

also als Anfangswert

$$\bar{x}' = r'$$

und

$$\bar{y}' \operatorname{ch} \bar{y} = r_1' \operatorname{ch} r_1 \sin(\varphi_1 - \varphi) + \varphi_1' \operatorname{sh} r_1 \cos(\varphi_1 - \varphi),$$

also als Anfangswert

$$\bar{y}' = \operatorname{sh} r \varphi'.$$

Führt man auch die zweite Differentiation aus und nimmt die Anfangswerte nach Vorschrift, so kommt

$$r'' - \operatorname{sh} r \operatorname{ch} r\, \varphi'^2 = R,$$
$$\varphi'' \operatorname{sh}^2 r + 2\, r'(\varphi')^2 \operatorname{sh} r \operatorname{ch} r = \Phi;$$

oder, wenn man die lebendige Kraft einführt:

$$T = \frac{(r')^2 + \operatorname{sh}^2 r\, \varphi'^2}{2}$$

kann man schreiben

$$\frac{d}{dt}\left(\frac{\partial T}{\partial r'}\right) - \frac{\partial T}{\partial r} = R, \quad \frac{d}{dt}\left(\frac{\partial T}{\partial \varphi'}\right) - \frac{\partial T}{\partial \varphi} = \Phi.$$

Lagrangesche Gleichungen erster Art, also von ähnlich einfacher Form wie in der euklidischen Geometrie

$$x'' = X, \quad y'' = Y$$

kann es hier nicht geben. Es genügt aber, die Gleichungen überhaupt in irgendeiner Form zu besitzen, denn man erhält dann bei Einführung beliebiger Punktkoordinaten q_1, q_2 vermöge

$$r = r(q_1, q_2)$$
$$\varphi = \varphi(q_1, q_2)$$

durch Umrechnung

$$\frac{d}{dt}\left(\frac{\partial T}{\partial q_1'}\right) - \frac{\partial T}{\partial q_1} = R\frac{\partial r}{\partial q_1} + \Phi\frac{\partial \varphi}{\partial q_1} = Q_1$$
$$\frac{d}{dt}\left(\frac{\partial T}{\partial q_2'}\right) - \frac{\partial T}{\partial q_2} = R\frac{\partial r}{\partial q_2} + \Phi\frac{\partial \varphi}{\partial q_2} = Q_2,$$

wobei $Q_1 dq_1$ die beim Übergang von der Lage (q_1, q_2) in die Lage $(q_1 + dq_1, q_2)$, $Q_2 dq_2$ die beim Übergang von der Lage (q_1, q_2) in die Lage $(q_1, q_2 + dq_2)$ geleistete Arbeit bedeutet.

Das Integral der lebendigen Kraft erhält man dann so: T ist eine homogene Funktion zweiten Grades der q' und daher

$$q_1'\frac{\partial T}{\partial q_1'} + q_2'\frac{\partial T}{\partial q_2'} = 2T$$

und

$$q_1''\frac{\partial T}{\partial q_1'} + q_2''\frac{\partial T}{\partial q_2'} + q_1'\frac{d}{dt}\left(\frac{\partial T}{\partial q_1'}\right) + q_2'\frac{d}{dt}\left(\frac{\partial T}{\partial q_2'}\right) = 2\frac{dT}{dt}.$$

Wenn jetzt die Kräfte ein Potential besitzen, d. h. wenn

$$Q_1 = -\frac{\partial V}{\partial q_1}, \quad Q_2 = -\frac{\partial V}{\partial q_2},$$

so geben die allgemeinen Lagrangeschen Gleichungen, wenn man die erste mit q_1', die zweite mit q_2' multipliziert und dann addiert, rechts

$$-\frac{dV}{dt}$$

und links

$$q_1' \frac{d}{dt}\left(\frac{\partial T}{\partial q_1'}\right) + q_2' \frac{d}{dt}\left(\frac{\partial T}{\partial q_2'}\right) - q_1' \frac{\partial T}{\partial q_1} - q_2' \frac{\partial T}{\partial q_2}$$
$$= 2\frac{dT}{dt} - q_1'' \frac{\partial T}{\partial q_1'} - q_2'' \frac{\partial T}{\partial q_2'} - q_1' \frac{\partial T}{\partial q_1} - q_2' \frac{\partial T}{\partial q_2} = \frac{dT}{dt},$$

also erhält man

$$\frac{dT}{dt} = -\frac{dV}{dt}$$
$$T + V = L.$$

Und das ist das Integral der lebendigen Kraft.

2. Ansatz für Newtonsche Potentiale. Das Newtonsche Potential $(-1:r)$ hat eine bekannte, hier wohl genauer in Erinnerung zu bringende Bedeutung, die einen Fingerzeig gibt für die Aufstellung entsprechender Potentiale.

Findet im (euklidischen) Raum eine Strömung statt mit dem „Geschwindigkeitspotential" $(-1:r)$, d. h. eine Strömung, deren Geschwindigkeitskomponenten den gerichteten Differentialquotienten proportional ist, so lehrt die Betrachtung eines Raumelementes, dessen Begrenzungen sind: das Flächenelement df_1 auf der Kugel vom Radius r_1, ein Stück des durch die Berandung von O aus gelegten Kegels und der Ausschnitt

$$df_2 = \frac{r_2^2}{r_1^2} df_1$$

auf der zweiten Kugel, folgendes. Die Strömung ist radial, also strömt durch den Kegelmantel nichts ein, nichts aus. Die radiale Einströmung durch df_1 ist in der Zeit dt

$$c\,dt \frac{df_1}{r_1^2}$$

und die radiale Ausströmung durch df_2

$$c\,dt \frac{df_2}{r_2^2} = \frac{c\,dt}{r_2^2} \frac{df_1 r_2^2}{r_1^2} = c\,dt \frac{df_1}{r_1^2};$$

im ganzen findet also keine Bereicherung oder Verdünnung im Innern des Elementes statt. Wir wollen in gebräuchlicher Ausdrucksweise sagen: V ist das Potential einer quellenfreien Flüssigkeitsströmung, oder übertragen: der Kraftstrom besitzt das Potential einer quellenfreien Strömung.

Nach diesem Grundsatz berechnen wir uns den Kraftstrom im hyperbolischen Raum und zwar gesondert nach drei Koordinatensystemen, räumliche Polarkoordinaten, rechtwinklige Koordinaten und Grenzkugelkoordinaten (§ 20, Nr. 3).

Im ersten Fall ist das Raumelement ein rechtwinkliges Parallelepiped mit den Kanten

$$dr,\ \mathrm{sh}\, r\, d\vartheta,\ \mathrm{sh}\, r \cos\vartheta\, d\varphi.$$

Die Einströmung durch das Element $\mathrm{sh}\, r \cos\vartheta\, d\varphi \cdot \mathrm{sh}\, r\, d\vartheta$ beträgt in der Zeiteinheit

$$\frac{\partial V}{\partial r} \mathrm{sh}^2 r \cos\vartheta\, d\varphi\, d\vartheta,$$

die Ausströmung durch die Gegenfläche unterscheidet sich um

$$dr\, d\varphi\, d\vartheta \frac{\partial}{\partial r}\left(\mathrm{sh}^2 r \cos\vartheta \frac{\partial V}{\partial r}\right)$$

von diesem Betrag.

Die Einströmung durch $dr\, \mathrm{sh}\, r \cos\vartheta\, d\varphi$ beträgt

$$\mathrm{sh}\, r \cos\vartheta\, dr\, d\varphi \cdot \frac{\partial V}{\mathrm{sh}\, r\, \partial\vartheta};$$

der Überschuß der Ausströmung auf der Gegenseite ist

$$dr\, d\varphi\, d\vartheta \frac{\partial}{\partial\vartheta}\left(\cos\vartheta \frac{\partial V}{\partial\vartheta}\right).$$

Die Einströmung durch $dr\, \mathrm{sh}\, r\, d\vartheta$ ist

$$dr\, d\vartheta\, \mathrm{sh}\, r \frac{\partial V}{\mathrm{sh}\, r \cos\vartheta\, \partial\varphi},$$

der Überschuß der Ausströmung auf der Gegenseite

$$d\varphi\, dr\, d\vartheta \frac{\partial}{\partial\varphi}\left(\frac{\partial V}{\cos\vartheta\, \partial\varphi}\right).$$

Demnach wird die Bedingung für quellenfreies Kraft-(Strom-) Potential (die Laplacesche Differentialgleichung) in Polarkoordinaten

$$\frac{\partial}{\partial r}\left(\mathrm{sh}^2 r \cos\vartheta \frac{\partial V}{\partial r}\right) + \frac{\partial}{\partial\vartheta}\left(\cos\vartheta \frac{\partial V}{\partial\vartheta}\right) + \frac{\partial}{\partial\varphi}\left(\frac{1}{\cos\vartheta} \frac{\partial V}{\partial\varphi}\right) = 0.$$

In ähnlicher Weise erhält man bei Verwendung rechtwinkliger Koordinaten, also aus dem Bogenelement

$$ds^2 = \mathrm{ch}^2 z\, (\mathrm{ch}^2 y\, dx^2 + dy^2) + dz^2$$

die Gleichung

$$\frac{\partial}{\partial x}\left(\frac{1}{\mathrm{ch}\, y} \frac{\partial V}{\partial x}\right) + \frac{\partial}{\partial y}\left(\mathrm{ch}\, y \frac{\partial V}{\partial y}\right) + \frac{\partial}{\partial z}\left(\mathrm{ch}\, y\, \mathrm{ch}^2 z \frac{\partial V}{\partial z}\right) = 0$$

und endlich bei Grenzkugelkoordinaten aus dem Bogenelement

$$ds^2 = e^{-2\zeta}(d\xi^2 + d\eta^2) + d\zeta^2$$

die Bedingung

$$\frac{\partial^2 V}{\partial \xi^2} + \frac{\partial^2 V}{\partial \eta^2} + \frac{\partial}{\partial \zeta}\left(e^{-2\zeta}\frac{\partial V}{\partial \zeta}\right) = 0.$$

3. Aufstellung der Potentiale. Die Potentiale V_1, V_2, V_3 bestimmen wir jetzt durch die Forderung, daß V_1 bei Wahl von Polarkoordinaten nur von r, V_2 bei Wahl von rechtwinkligen Koordinaten nur von z und V_3 bei Wahl von Grenzkugelkoordinaten nur von ζ abhängen soll. Das führt auf die drei Differentialgleichungen

$$\frac{d}{dr}\left(\mathrm{sh}^2 r\,\frac{dV_1}{dr}\right) = 0,\quad \frac{d}{dz}\left(\mathrm{ch}^2 z\,\frac{dV_2}{dz}\right) = 0,\quad \frac{d}{d\zeta}\left(e^{-2\zeta}\frac{dV_3}{d\zeta}\right) = 0$$

und auf die Potentiale

$$V_1 = c\int\frac{dr}{\mathrm{sh}^2 r} = -c\,\mathrm{cth}\,r,$$

$$V_2 = c\int\frac{dz}{\mathrm{ch}^2 z} = c\,\mathrm{th}\,z,$$

$$V_3 = c\int e^{2\zeta}d\zeta = \frac{c}{2}e^{2\zeta}.$$

Man beachte, daß bei kleinen Werten von r, z oder ζ daraus das Newtonsche Potential $(c' : r)$ und das Potential der Fallbewegung $(cz, c''\zeta)$ hervorgeht.

Für den sphärischen Raum läßt sich das entsprechende Potential leicht aufstellen. Wir stellen den sphärischen Raum

$$x_1^2 + x_2^2 + x_3^2 + x_4^2 = 1$$

dar durch

$$x_1 = \sin\lambda_1,$$
$$x_2 = \cos\lambda_1\sin\lambda_2,$$
$$x_3 = \cos\lambda_1\cos\lambda_2\sin\lambda_3,$$
$$x_4 = \cos\lambda_1\cos\lambda_2\cos\lambda_3$$

und erhalten für das Bogenelement

$$ds^2 = d\lambda_1^2 + \cos^2\lambda_1\,d\lambda_2^2 + \cos^2\lambda_1\cos^2\lambda_2\,d\lambda_3^2$$

oder, wenn man setzt

$$\frac{\pi}{2} - \lambda_1 = r,\quad \lambda_2 = \vartheta,\quad \lambda_3 = \varphi$$
$$ds^2 = dr^2 + \sin^2 r\,d\vartheta^2 + \sin^2 r\cos^2\vartheta\,d\varphi^2.$$

Die Laplacesche Differentialgleichung wird dann

$$\frac{\partial}{\partial r}\left(\sin^2 r\cos\vartheta\frac{\partial V}{\partial r}\right) + \frac{\partial}{\partial\vartheta}\left(\cos\vartheta\frac{\partial V}{\partial\vartheta}\right) + \frac{\partial}{\partial\varphi}\left(\frac{1}{\cos\vartheta}\frac{\partial V}{\partial\varphi}\right) = 0$$

und das Potential ergibt sich aus

$$\frac{d}{dr}\left(\sin^2 r \frac{dV}{dr}\right) = 0,$$
$$V = c\int \frac{dr}{\sin^2 r} = -c \cdot \cot r.$$

§ 32. Planetenbewegung.

1. Der Flächensatz. Führt man Polarkoordinaten ein, so sind die Lagrangeschen Gleichungen

$$r'' - \operatorname{sh} r \operatorname{ch} r(\varphi')^2 = R = K_r$$
$$\frac{d}{dt}(\operatorname{sh}^2 r \varphi') = \Phi = K\varphi : \operatorname{sh} r,$$

wobei K_r und $K\varphi$ die radiale und tangentiale Kraftkomponente bedeuten. Wirkt nur Zentralkraft, ist also $K\varphi$ gleich Null, so erhält man das Integral

$$\operatorname{sh}^2 r \frac{d\varphi}{dt} = c.$$

Die Flächengeschwindigkeit des doppelten Fahrstrahles ist aber nach § 20, Nr. 2

$$\frac{1}{2}\frac{d\varphi}{dt}(e^r - e^{-r})^2 = 2\frac{d\varphi}{dt}\operatorname{sh}^2 r,$$

und hieraus erhält man den Flächensatz in der Form:

Wirkt auf einen beweglichen Punkt P eine Kraft, deren Angriffslinie durch den festen Punkt O geht, so beschreibt der verdoppelte Fahrstrahl $2OP$ (nicht der einfache!) in gleichen Zeiten gleiche Flächenräume.

2. Die Ellipsenbahn. Von den drei Potentialen greifen wir das erste auf; die beiden andern führen zu ähnlichen Ergebnissen, ergeben nämlich auch Kegelschnittbahnen.

Für unsern Zweck ist die Gleichung der Ellipse erst in geeignete Form zu bringen. Es sei a die große Halbachse, $2f = OO_1$ der Abstand der Brennpunkte, r der Fahrstrahl OP, φ sein Winkel mit der großen Achse, r_1 der Fahrstrahl O_1P. Dann ist nach dem Kosinussatz

$$\operatorname{ch} r_1 = \operatorname{ch} r \operatorname{ch} 2f + \operatorname{sh} r \operatorname{sh} 2f \cos\varphi,$$

ferner

$$\operatorname{ch} r_1 = \operatorname{ch}(2a - r) = \operatorname{ch} 2a \operatorname{ch} r - \operatorname{sh} 2a \operatorname{sh} r,$$

woraus folgt:

$$\operatorname{th} r = \frac{\operatorname{ch} 2a - \operatorname{ch} 2f}{\operatorname{sh} 2a + \operatorname{sh} 2f \cos\varphi} = \frac{2\operatorname{sh}(a+f)\operatorname{sh}(a-f)}{\operatorname{sh} 2a + \operatorname{sh} 2f\cos\varphi},$$

also

$$\frac{dr}{d\varphi}\frac{1}{\operatorname{ch}^2 r} = \frac{2\operatorname{sh}(a+f)\operatorname{sh}(a-f)}{(\operatorname{sh} 2a + \operatorname{sh} 2f \cos\varphi)^2}\operatorname{sh} 2f \sin\varphi$$

und hieraus

$$\left(\frac{dr}{d\varphi}\right)^2 = \operatorname{sh}^2 r\left(\frac{\operatorname{ch} r \operatorname{sh} r \operatorname{sh} 2a - \operatorname{ch} 2a \operatorname{sh}^2 r}{\operatorname{sh}(a-f)\operatorname{sh}(a+f)} - 1\right).$$

Die ausnutzbaren Integrale sind

$$\operatorname{sh}^2 r\,\frac{d\varphi}{dt} = c \quad \text{(Flächensatz)}$$

und

$$\frac{1}{2}\left(\left(\frac{dr}{dt}\right)^2 + \operatorname{sh}^2 r\left(\frac{d\varphi}{dt}\right)^2\right) - \operatorname{cth} r = h \quad \text{(lebendige Kraft).}$$

Hieraus kommt die geometrische, von t freie Gleichung

$$\frac{1}{2}\left(\left(\frac{dr}{d\varphi}\right)^2 + \operatorname{sh}^2 r\right) = (h + \operatorname{cth} r)\,\frac{\operatorname{sh}^4 r}{c^2}$$

oder

$$\left(\frac{dr}{d\varphi}\right)^2 = \operatorname{sh}^2 r\left\{2(h + \operatorname{cth} r)\,\frac{\operatorname{sh}^2 r}{c^2} - 1\right\}.$$

Wenn dann

$$h < 0,\ c^2 < -h,$$

so kann man setzen

$$h = -\operatorname{cth} 2a$$

$$c^2 = \frac{\operatorname{ch} 2a - \operatorname{ch} 2f}{\operatorname{sh} 2a}$$

und erhält dann genau die oben berechnete Differentialgleichung, deren Integralkurven die Ellipsen sind.

Hieraus folgt das erste Keplersche Gesetz: Bei Einwirkung der Kraft $1 : sh^2 r$ sind die geschlossenen Bahnkurven Ellipsen mit dem Brennpunkt 0.

Man kann auch die Umlaufszeit

$$T = \frac{2}{c}\int_0^{\pi} \operatorname{sh}^2 r\, d\varphi$$

berechnen und erhält nach einigen Umformungen

$$T = 2\pi \operatorname{ch} a^{\frac{1}{2}} \operatorname{sh}^{\frac{3}{2}} a.$$

Das ist die Form, die hier das dritte Keplersche Gesetz annimmt. Die Abweichung von dem dritten Keplerschen Gesetz in der euklidischen Mechanik ist nur von der zweiten Ordnung.

Damit soll die kurze Betrachtung über Planetenbewegung in der hyperbolischen Ebene, die so merkwürdige Beziehungen zur klassischen Mechanik zeigt, abgeschlossen werden.

3. Der Bertrandsche Satz. J. Bertrand hat die Aufgabe, Anziehungsgesetze zu finden, die entweder lauter geschlossene Bahnkurven liefern oder doch eine dreifache Mannigfaltigkeit geschlossener

Bahnkurven, darauf zurückgeführt, zu entscheiden, welche Gestalt die Funktion $\psi(z)$ haben muß, damit

$$\psi(z) = k^2\left(\frac{d^2z}{d\varphi^2} + z\right)$$

als Lösung Funktionen von φ mit der Periode 2π besitzt.

$\psi(z)$ muß dann eine der beiden Formen annehmen

$$\psi(z) = A, \quad \psi(z) = Az^{-3},$$

und der erste Fall führt auf das Newtonsche Gesetz, der zweite auf das elastische Anziehungsgesetz, d. h. die Zentralkraft ist der Entfernung direkt proportional.

Die Newtonsche Kraft gibt eine dreifache Mannigfaltigkeit geschlossener Bahnkurven, nämlich Ellipsen mit dem einen Brennpunkt 0, wobei Achsenrichtung, große Halbachse und Exzentrizität willkürlich sind; die elastische Kraft gibt bekanntlich immer Ellipsenbewegung, wobei der Mittelpunkt mit dem Punkt 0 zusammenfällt.

In der hyperbolischen Geometrie kommen wir, wie sich alsbald herausstellen wird, auf denselben Ansatz. Schreibt man die eine Lagrangesche Gleichung und den Flächensatz hin

$$\frac{d^2r}{dt^2} - \operatorname{sh} r \operatorname{ch} r \left(\frac{d\varphi}{dt}\right)^2 = -\frac{dV}{dr} = -f(r),$$

$$\operatorname{sh}^2 r \frac{d\varphi}{dt} = c,$$

so gibt der Flächensatz

$$\frac{dr}{dt} = \frac{dr}{d\varphi}\frac{d\varphi}{dt} = \frac{c}{\operatorname{sh}^2 r}\frac{dr}{d\varphi} = -c\frac{d}{d\varphi}\operatorname{cth} r$$

$$\frac{d^2r}{dt^2} = -\frac{c^2}{\operatorname{sh}^2 r}\frac{d^2}{d\varphi^2}\operatorname{cth} r.$$

Man erhält also die geometrische Gleichung

$$c^2\left(\frac{1}{\operatorname{sh}^2 r}\frac{d^2 \operatorname{cth} r}{d\varphi^2} + \frac{\operatorname{ch} r}{\operatorname{sh}^3 r}\right) = f(r),$$

und wenn man einführt

$$\operatorname{cth} r = z,$$

$$\operatorname{sh}^2 r\, f(r) = \psi(z),$$

so kommt genau wieder die Bertrandsche Gleichung

$$\psi(z) = c^2\left(\frac{d^2z}{d\varphi^2} + z\right),$$

mit der Forderung: r, also auch z soll als Funktion von φ die Periode 2π besitzen. Dann hat nach Bertrand $\psi(z)$ notwendig eine der beiden Formen

$$\psi(z) = k, \quad \psi(z) = kz^{-3}.$$

Im ersten Fall kommt

$$f(r) = k : \operatorname{sh}^2 r,\quad V = \int f(r)\,dr = \frac{-k}{\operatorname{cth} r},$$

und das gibt die oben untersuchte Bewegung, dem Newtonschen Gesetz entsprechend.

Im zweiten Fall kommt

$$f(r) = k \operatorname{sh} r : \operatorname{ch}^3 r,\quad V = \int f(r)\,dr = \frac{k}{2} \operatorname{th}^2 r,$$

und das entspricht dem elastischen Anziehungsgesetz. Die Differentialgleichung zur Bestimmung von z wird hier

$$kz^{-3} = c^2\left(\frac{d^2 z}{d\varphi^2} + z\right)$$

und ihre Lösung kann geschrieben werden

$$z^2 = a^2 \cos^2(\varphi - \varphi_0) + b^2 \sin^2(\varphi - \varphi_0);$$

dabei ist

$$k = c^2 a^2 b^2.$$

Ohne die Gestalt der Bahnkurven zu ändern, kann man $\varphi_0 = 0$ annehmen und erkennt bei Einführung Weierstraßscher Koordinaten

$$p : x : y = z : \cos\varphi : \sin\varphi,$$

daß die Bahnkurven

$$a^2 x^2 + b^2 y^2 - p^2 = 0$$

Ellipsen sind.

Die entsprechenden Anziehungsgesetze in der sphärisch-elliptischen Geometrie

$$f(r) = k : \sin r,\quad f(r) = k \sin r : \cos^3 r$$

geben Bewegung in Bahnellipsen mit dem Brennpunkt 0 und in Bahnellipsen mit dem Mittelpunkt 0.

§ 33. Die Galileitransformation.

Schließlich soll noch die spezielle Relativitätstheorie besprochen werden. Sie hat Berührungspunkte mit der hyperbolischen Geometrie und führt auch auf eine Art Nebengeometrie der euklidischen Geometrie. Die Formeln sind sehr einfach, jedem zugänglich, der weiß, was analytische Geometrie ist und gelernt hat, daß den projektiven Transformationen die charakteristische Eigenschaft zukommt, Gerade in Gerade überzuführen. Die Begriffsbildungen wollen schrittweise durch Einstellung auf „Relativität" angeeignet sein.

1. Uhrlauf, Standlinie, Trägheitsbahn. Bewegt sich ein Punkt $\overline{P}$ auf einer Geraden $\overline{g}(O\overline{P} = \overline{x})$, so kann diese Bewegung in einem

Raumzeitdiagramm (Abszisse $x = \bar{x}$, Ordinate t) dargestellt werden. Jede Bewegung mit konstanter Geschwindigkeit v stellt sich dann im Diagramm als Gerade (Trägheitsbahn) dar

$$x = a + vt.$$

Die Geraden $x = x_0$ wollen wir Uhrläufe, die Geraden $t = t_0$ Standlinien nennen, der „Uhrlauf 0 (Null)" ist also die t-Achse, die „Standlinie 0" die x-Achse, jeder Punkt $P(x, t)$ des Diagramms „Weltpunkt" (noch besser wäre „Ereignis", man denke an Aufleuchten eines Signals. Zur Übung im Lesen des Diagramms lassen wir ein kleines Gespräch folgen (L. = Lehrer, S. = Schüler, D. = Diagramm, V. = Vorgang).

L.: Wie stellt sich im D. der V. dar: Ein Punkt $\bar{P}$ auf $\bar{g}$ steht dauernd still ($\bar{x} = a$), während die Zeit abläuft?

S.: Im D. liegen die darstellenden Weltpunkte $P(a, t)$ auf dem Uhrlauf $x = a$.

L.: Was bedeutet die Standlinie $t = t_0$ des D. als V.?

S.: Die Punkte $\bar{P}$ von $\bar{g}$ werden nur im Moment t_0 beachtet, die Gerade $\bar{g}$ leuchtet sozusagen im Moment t_0 plötzlich auf, liegt vorher und nachher im Dunkeln.

L.: Was bedeutet die Gerade des D.

$$x = a + vt?$$

S.: Als V. gedeutet hat man: $\bar{P}$ bewegt sich auf $\bar{g}$ mit der konstanten Geschwindigkeit v.

L.: Können Uhrläufe ($x = x_0$) und Standlinien $t = t_0$ auch als Trägheitsbahnen aufgefaßt werden?

S.: Der Uhrlauf ist eine Trägheitsbahn für die Geschwindigkeit Null, die Standlinie Trägheitsbahn für die Geschwindigkeit $\pm \infty$.

2. Galilei-Transformation. Durch die Formeln

$$t_1 = t,$$
$$x_1 = x - v_1 t$$

kann man von einem Diagramm zu einem andern übergehen. Jede Trägheitsbahn verwandelt sich dabei in eine Trägheitsbahn. Standlinien gehen in Standlinien über; der Trägheitsbahn

$$x = v_1 t$$

entspricht der neue „Uhrlauf Null".

Wir wollen diese „Galilei-Transformation" jetzt axiomatisch festlegen durch eine Reihe von Forderungen.

I. **Trägheitsbahn bleibt Trägheitsbahn; jedem Weltpunkt**

$$P(x_1, t) \quad (-\infty < x < \infty, \quad -\infty < t < \infty)$$

entspricht ein Weltpunkt

$$P_1(x_1, t_1) \quad (-\infty < x_1 < \infty, -\infty < t_1 < \infty).$$

Demgemäß ist die Transformation projektiv, d. h. x_1 und t_1 werden zunächst linear gebrochene Funktionen von x und t, aber wegen der „Endlichkeitsforderung" darf kein Nenner vorkommen, der x oder t enthielte.

Sodann wird die Nebenforderung gestellt, daß die Anfangspunkte der Messungen zusammenfallen; das ist eine einfache Festsetzung, die keine wesentliche Spezialisierung bedingt. Demnach hat man

$$x_1 = \alpha_1 x + \alpha_2 t,$$
$$t_1 = \beta_1 x + \beta_2 t.$$

II. **Die Standlinie 0** (Trägheitsbahn unendlich großer Geschwindigkeit) **geht in sich über.**

Dadurch wird die Form

$$x_1 = \alpha(x - v_1 t)$$
$$t_1 = \beta t$$

festgelegt. Die erste Gleichung bringt zum Ausdruck, daß der neue Uhrlauf 0 eine Trägheitsbahn im alten System ist.

III. **Durch v_1 soll die Transformation bestimmt sein.** Das heißt: Mit v_1 wird auch α und β bestimmt, sie sind also Funktionen von v_1

$$\alpha = f(v_1), \quad \beta = g(v_1).$$

IV. **Umkehr der Transformation soll auf Identität führen.** Es soll also aus

$$x_2 = f(-v_1)(x_1 + v_1 t_1) = f(-v_1)(f(v_1)(x - v_1 t) + v_1 g(v_1) t)$$
$$t_2 = g(-v_1)\, g(v_1)\, t$$

folgen

$$x_2 = x,$$
$$t_2 = t.$$

Die zweite Forderung ist erfüllt durch

$$g(v_1) = e^{a v_1},$$

die erste durch

$$f(-v_1)\, f(v_1) = 1,$$
$$f(v_1) - g(v_1) = 0,$$

also

$$f(v_1) = e^{a v_1}.$$

Demnach haben wir hier die **Gruppe** erhalten

$$x_1 = e^{\alpha v_1}(x - v_1 t),$$
$$t_1 = e^{\alpha v_1} t.$$

Es liegt eine „Gruppe" vor, d. h. zwei Transformationen, nacheinander ausgeführt, geben eine Transformation von demselben Bau. In der Tat wird

$$x_2 = e^{\alpha v_2}(x_1 - v_2 t_1) = e^{\alpha(v_1+v_2)}(x - (v_1 + v_2)t)$$
$$t_2 = e^{\alpha(v_1+v_2)} t.$$

Die Galilei-Transformation endlich wird herausgeholt durch die letzte Forderung:

V. Strecken auf Standlinien sollen unverändert bleiben.

Jeder Standlinie entspricht wieder eine Standlinie, es wird noch verlangt, daß (bei konstantem t also auch konstantem t_1)

$$\Delta x_1 = f(v_1) \cdot \Delta x = \Delta x$$

werden soll. Demnach muß $f(v_1)$ gleich Eins sein und wir haben die Galilei-Transformation

$$x_1 = x - v_1 t$$
$$t_1 = t$$

axiomatisch herausgeschält aus den affinen Transformationen

$$x_1 = \alpha_1 x + \alpha_2 t$$
$$t_1 = \beta_1 x + \beta_2 t.$$

Der axiomatische Weg mag umständlich erscheinen — unser gelehriger Schüler in Nr. 1 würde seinen Lehrer wohl fragen: Wozu das alles, hinter der ganzen Sache steckt doch nur die Trivialität, daß Geschwindigkeiten sich addieren! Aber der Lehrer wird ihm antworten, daß damit ein Vorbild geschaffen ist für die „Lorentz-Transformation" der speziellen Relativitätstheorie. Und hier addieren sich die Geschwindigkeiten nicht mehr!

§ 34. Die Lorentztransformation.

1. Axiomatischer Ansatz. Wir bleiben beim Diagramm, der Vorgang ist später heranzuziehen. Wir behalten die Axiome I, III und IV bei, sie brauchen wohl nicht nochmals ausgesprochen zu werden. Nur wollen wir lieber „Weltgerade" statt „Trägheitsbahn" sagen, denn wir werden bald sehen, daß im allgemeinen Fall nicht mehr jede Gerade

$$x = at + b$$

als Bild einer Trägheitsbewegung aufgefaßt werden kann.

An Stelle von II tritt

II'). Die Weltgeraden

$$x - t = 0, \quad x + t = 0$$

sollen übergehen in

$$x_1 - t_1 = 0, \quad x_1 + t_1 = 0.$$

Bleiben wir bei dem Wort „Trägheitsbahn“, so können wir auch sagen: Die Trägheitsbahnen mit den Geschwindigkeiten ± 1 gehen in gleichartige Bahnen über. Früher, in II, wurde dies von den Standlinien, den Trägheitsbahnen für die Geschwindigkeit $\pm \infty$ gefordert. Wir werden sehen, daß 1 die Rolle von ∞ spielt, daß nämlich die Geschwindigkeit ± 1 nicht überschritten werden kann. Für 1 ist später c zu nehmen (Lichtgeschwindigkeit), so daß der Sinn unserer Forderung ist:

Lichtgeschwindigkeit bleibt Lichtgeschwindigkeit. Für die Rechnung ist es vorläufig bequemer, $c = 1$ zu nehmen, also t in Sekunden, x in Vielfachen von 300 000 km auszudrücken, in entsprechendem Maß die Geschwindigkeiten.

Nach I und II' hat dann die affine Transformation den Bau

$$\begin{aligned} x_1 &= a_1 x + a_2 t \\ t_1 &= a_2 x + a_1 t \end{aligned}$$

und nach III wird daraus

$$\begin{aligned} x_1 &= f(v_1)\,(x - v_1 t) \\ t_1 &= f(v_1)\,(-x v_1 + t). \end{aligned}$$

Zusammensetzung gibt dann

$$\begin{aligned} x_2 &= f(v_2) f(v_1)\,(1 + v_1 v_2)\left(x - \frac{v_1 + v_2}{1 + v_1 v_2}\,t\right) \\ t_2 &= f(v_2) f(v_1)\,(1 + v_1 v_2)\left(-x\,\frac{v_1 + v_2}{1 + v_1 v_2} + t\right) \end{aligned}$$

und aus IV folgt dann

$$f(v_1) f(-v_1) = \frac{1}{1 - v_1^2}.$$

Demnach kann man setzen

$$f(v_1) = \frac{F(v_1)}{\sqrt{1 - v_1^2}}.$$

Von hier aus kann man verschiedene Wege gehen; zunächst ist klar, daß die zusammengesetzte Transformation an Stelle von v_1 den Parameter

$$\bar{v} = \frac{v_1 + v_2}{1 + v_1 v_2}$$

besitzt. Soll dann die Gruppeneigenschaft bestehen, so ist zu fordern, daß in

$$f(\bar{v}) = f(v_2) f(v_1)\,(1 + v_1 v_2)$$

oder

$$\frac{F(v)(1+v_1v_2)}{\sqrt{(1+v_1v_2)^2-(v_1+v_2)^2}}=\frac{F(v_1)F(v_2)(1+v_1v_2)}{\sqrt{(1-v_1^2)(1-v_2^2)}}$$

$F(v)$ gleich Eins wird, also

$$x_1=\frac{x-v_1t}{\sqrt{1-v_1^2}},\quad t_1=\frac{-v_1x+t}{\sqrt{1-v_1^2}},$$

und das ist bereits die Lorentz-Transformation.

Wir stellen ausdrücklich fest, daß I, II', III und IV zusammen mit der Forderung, daß die Lorentz-Transformationen eine Gruppe bilden sollen, zur Charakterisierung vollkommen genügen. Indessen, unserm „Schüler" zuliebe, der von seinem Standpunkt aus mit Recht statt des abstrakten Gruppenbegriffs lieber einen „Vorgang" sehen möchte, verfahren wir anders.

2. Das Relativitätspostulat. Das Aufsuchen einer letzten Forderung V' an Stelle von V erfordert volle Anpassung an die neue Einsteinsche Auffassung von Raum und Zeit, der übrigens oben schon vorgearbeitet ist.

Wir betrachten folgenden Vorgang: Ein Stab mit den Endpunkten $\bar{x}_1=0$, $\bar{x}_1=a_1$ ruht im System $\bar{x}_1t_1$. Seine Punkte beschreiben dann in diesem System Uhrläufe und das Diagramm (Fig. 40) zeigt[1]), daß sie im System $\bar{x}$, t zur Zeit $t=0$ gleichzeitig vorhanden sind und, wie die Formel zeigt, ein Standlinienstück von der Länge a ausfüllen, wobei a aus

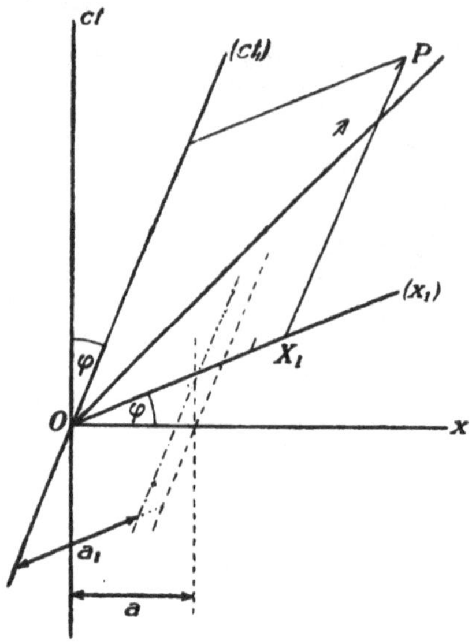

Fig. 40.

[1]) Man darf nicht übersehen, daß aus der Figur die neuen Weltkoordinaten x_1 und ct_1 nicht unmittelbar abgegriffen werden können. Man greift, wenn

$$v_1=c\operatorname{tang}\varphi$$

die Geschwindigkeit ist, die schief winkligen Parallelkoordinaten ab:

$$(x_1)=OX_1,\ (ct_1)=X_1P.$$

Dabei ist

$$(x_1):(ct_1):1=(x\cos\varphi-ct\sin\varphi):(-x\sin\varphi+ct\cos\varphi):\cos 2\varphi.$$

Die neuen Weltkoordinaten aber sind kleiner, nämlich

$$x_1=(x_1)\sqrt{\cos 2\varphi},\quad ct_1=(ct_1)\sqrt{\cos 2\varphi}.$$

Durch Einfügen der gestrichelten Linien ist diese Reduktion zum Ausdruck gebracht.

$$a_1 = \frac{F(v_1)}{\sqrt{1 - v_1^2}} a$$

zu bestimmen ist. Dies drücken wir geometrisch-physikalisch so aus: Vom ruhenden System aus beurteilt, hat der Stab nicht die Länge a_1, sondern

$$a = a_1 F^{-1}(v_1) \sqrt{1 - v_1^2}.$$

Die „Kontraktion" beträgt also

$$a : a_1 = F^{-1}(v_1) \sqrt{1 - v_1^2}.$$

Und nun verlangen wir:

V'. Die Kontraktion der im System $S(x, t)$ gesehenen, in $S_1(x_1, t_1)$ ruhenden Stäbe soll gleich der Kontraktion der in S ruhenden, in S_1 gesehenen Stäbe sein.

Hieraus folgt

$$F(v_1) = F(-v_1),$$

daher muß wegen

$$F(\bar{v}) = F(v_1) F(v_2)$$

F gleich Eins sein, denn $F(0)$ ist gleich Eins.

Den Anstoß zur Relativitätstheorie gab bekanntlich die in II' als Forderung ausgesprochene Beobachtung der festen Lichtgeschwindigkeit in Verbindung mit der im Betrag

$$\sqrt{1 - \frac{v^2}{c^2}} \quad (c \text{ Lichtgeschwindigkeit})$$

aus dem Michelsonschen Versuch entnommene „Kontraktion in Richtung der Bewegung".

Jetzt erkennt man auch, daß Überlichtgeschwindigkeit $(v^2 > c^2)$ unmöglich ist, sie ergäbe imaginäre Längen.

3. Die nachgehende Uhr. Wir wollen dem Lehrer und dem Schüler wieder das Wort erteilen.

L.: Wie ist eine Weltgerade

$$x = Kt$$

des Diagramms als Vorgang zu deuten?

S.: Wenn $K < c$ ist, als Bewegung mit konstanter Geschwindigkeit K (Trägheitsbahn); wenn $K > c$ (genauer $K^2 > c^2$), dann ist die Deutung anders: Die Punkte der festen Geraden leuchten auf, nicht gleichzeitig, sondern so, als ob ein Lichtfleck mit der Überlichtgeschwindigkeit K wanderte — was aber nicht auf einem Bewegungsvorgang beruhen kann.

L.: Was wird beobachtet an deiner genaugehenden Taschenuhr, wenn du von hier (0) aus mit der Geschwindigkeit v nach dem Punkt $A(\bar{x} = a)$ hin und sogleich wieder zurückläufst?

S.: Meine Zeit ist t_1, deine ist t, also bei Ankunft in A:

$$t_1 = \frac{-va + tc^2}{c\sqrt{c^2 - v^2}}, \quad a = vt.$$

Dann für die Rückreise

$$t_1 = \frac{va + tc^2}{c\sqrt{c^2 - v^2}}, \quad a = -vt,$$

zusammen also: bei Ankunft in A zeigt meine Uhr einen Zeitverlauf

$$\frac{t(c^2 - v^2)}{c\sqrt{c^2 - v^2}} = t\sqrt{1 - \frac{v^2}{c^2}}$$

statt t, genau so bei Wegumkehr. Deine Uhr ist also um $2t$ Sekunden weitergelaufen, meine nur um

$$2t\sqrt{1 - \frac{v^2}{c^2}},$$

sie ist also nachgegangen, hinter deiner zurückgeblieben. Wenn ich also zuspät komme, kann ich mich immer damit entschuldigen, daß ich zuerst sehr schnell gelaufen bin, dann auf die Uhr sah und glauben mußte, daß die vorgeschriebene Zeit noch nicht verstrichen war.

L.: Ich sehe, du hast die Relativitätstheorie nur zu gut verstanden. Übrigens gäbe selbst ein Zehntel Lichtgeschwindigkeit nur ein halbes Prozent Zeitverkürzung.

§ 35. Die Addition der Geschwindigkeiten.

1. Anschluß an die hyperbolische Geometrie. Wir können die Lorentz-Transformation

$$x_1 : ct_1 : 1 = x - vt : -\frac{vx}{c} + ct : \sqrt{1 - \frac{v^2}{c^2}}$$

durch Einführung hyperbolischer Funktionen umgestalten und setzen zu diesem Zweck

$$v = c \operatorname{th} u;$$

dann kommt

$$\begin{aligned} x_1 &= x \operatorname{ch} u - ct \operatorname{sh} u, \\ ct_1 &= -x \operatorname{sh} u + ct \operatorname{ch} u. \end{aligned}$$

Jetzt betrachten wir folgenden Vorgang: Schiebung der xy-Ebene mit der Geschwindigkeit v, sie soll mit der x-Achse den Winkel φ, mit der x_1-Achse den Winkel φ_1 einschließen. Wenn $\varphi = \varphi_1 = 0$, so hat man

$$\begin{aligned} x_1 &= x \operatorname{ch} u - ct \operatorname{sh} u, \\ y_1 &= y, \\ ct_1 &= -x \operatorname{sh} u + ct \operatorname{ch} u. \end{aligned}$$

Wenn aber φ_1 und φ beide von Null verschieden sind, so kommt

$$\begin{aligned} x_1 \cos \varphi_1 + y_1 \sin \varphi_1 &= (x \cos \varphi + y \sin \varphi) \operatorname{ch} u + ct \operatorname{sh} u, \\ -x_1 \sin \varphi_1 + y_1 \cos \varphi_1 &= -x \sin \varphi + y \cos \varphi, \\ ct_1 &= -(x \cos \varphi + y \sin \varphi) \operatorname{sh} u + ct \operatorname{ch} u \end{aligned}$$

und

$$c^2 t_1^2 - x_1^2 - y_1^2 = c^2 t^2 - x^2 - y^2.$$

(Das könnte auch als Forderung an die Spitze gestellt werden, die aus der Gesamtheit der Postulate I, II′, III, IV, V′ folgt.)

Bildet man dann auf die hyperbolische Ebene ab, indem man vermöge

$$x' : y' : p' : 1 = x : y : ct : \sqrt{c^2 t^2 - x^2 - y^2}$$

die Beziehung zu Weierstraßschen Koordinaten herstellt, so werden aus den Gleichungen der Lorentz-Transformation

$$\begin{aligned} x_1 &= a_{11} x + a_{12} y + a_{13} ct, \\ y_1 &= a_{21} x + a_{22} y + a_{23} ct, \\ ct_1 &= a_{31} x + a_{32} y + a_{33} ct \end{aligned}$$

— mit der Forderung

$$c^2 t_1^2 - x_1^2 - y_1^2 = c^2 t^2 - x^2 - y^2$$

genau die Bewegungen der hyperbolischen Ebene [1]).

Wollte man die allgemeinste (nicht homogene) Raumzeittransformation in x, y, t herstellen, also die Forderung

$$c^2 dt_1^2 - dx_1^2 - dy_1^2 = c^2 dt^2 - dx^2 - dy^2$$

an die Spitze stellen, so hätte man in den vorigen Gleichungen rechts einfach noch Konstanten $a_1 a_2 a_3$ hinzuzufügen. Man könnte dann homogene Koordinaten

$$\xi_1 : \xi_2 : \xi_3 : \xi_4 = x : y : t : 1$$

einführen, und die Transformationen wären den projektiven Transformationen einzuordnen, die den unendlichfernen Kegelschnitt

$$\xi_4 = 0, \quad c^2 \xi_3^2 - \xi_1^2 - \xi_2^2 = 0$$

in sich überführen. Damit entsteht die „Nebengeometrie" der euklidischen Geometrie, von der oben gesprochen wurde. Bei den euklidischen Be-

[1]) In Zukunft werden vielleicht die Lehrbücher der analytischen Geometrie die Lorentztransformation als elementares Beispiel mitbehandeln. (Dies ist inzwischen in der neuen, von A. v. Brill und K. Kommerell besorgten Auflage von Salmon-Fiedler's Raumgeometrie geschehen.)

wegungen geht bekanntlich der „unendlichferne Kugelkreis", der imaginäre Kegelschnitt

$$\xi_4 = 0, \; \xi_1^2 + \xi_2^2 + \xi_3^2 = 0$$

in sich über; im Fall der Lorentz-Transformation aber ein reeller Kegelschnitt.

2. Bewegungsfolge. P möge sich geradlinig gleichförmig bewegen, es sei also

$$x = vt = ct \operatorname{th} u, \quad y = 0.$$

Sodann möge P_1 sich im System S_1 des Punktes P, gegeben durch

$$\begin{aligned} x_1 &= x \operatorname{ch} u - ct \operatorname{sh} u, \\ y_1 &= y, \\ ct_1 &= -x \operatorname{sh} u + ct \operatorname{ch} u, \end{aligned}$$

ebenfalls geradlinig gleichförmig mit der Geschwindigkeit

$$v_1 = c \operatorname{th} u_1$$

vom Koordinatenanfang aus unter dem Winkel φ gegen die x_1-Achse bewegen. Dann ist also

$$x_1 = ct_1 \operatorname{sh} u_1 \cos\varphi, \quad y_1 = ct_1 \operatorname{sh} u_1 \sin\varphi$$

und es kommt für die Koordinaten von P_1 im ersten System

$$\begin{aligned} x : y : 1 = ct(\operatorname{ch} u \operatorname{sh} u_1 \cos\varphi + \operatorname{sh} u \operatorname{ch} u_1) : ct \operatorname{sh} u_1 \sin\varphi : \\ (\operatorname{sh} u \operatorname{sh} u_1 \cos\varphi + \operatorname{ch} u \operatorname{ch} u_1). \end{aligned}$$

P_1 beschreibt also diese geradlinige gleichförmige Trägheitsbahn im System x, y, t.

Die Punkte dieser Geraden bilden sich auf den Punkt P'

$$\begin{aligned} x' : y' : p' = \operatorname{sh} u_1 \operatorname{ch} u \cos y + \operatorname{sh} u \operatorname{ch} u_1 : \operatorname{sh} u_1 \sin y : \operatorname{ch} u_1 \operatorname{ch} u \\ + \operatorname{sh} u \operatorname{sh} u_1 \cos y \end{aligned}$$

der hyperbolischen Ebene ab, den man so erhält: man trage u auf der x'-Achse ab, dann unter dem Winkel φ gegen die x'-Achse die Strecke u_1.

Dabei ist

$$v = c \operatorname{th} u, \quad v_1 = c \operatorname{th} u_1.$$

Die Strecke (u_2) von O nach dem Punkt P' gibt die Richtung der resultierenden Geschwindigkeit, die Größe v_2 ist bestimmt durch

$$v_2 = c \operatorname{th} u_2.$$

Damit ist die Konstruktion der resultierenden Geschwindigkeit der euklidischen Konstruktion angegliedert; man sieht aber, daß für $\varphi \neq 0$

die „Vektoren" v_1 und v_2 nicht vertauscht werden dürfen. Auch erhält man für $\varphi = 0$ nicht die Summe, sondern

$$v = c\,\mathrm{th}(u_1 + u_2) = \frac{c\,\mathrm{th}\,u_1 + c\,\mathrm{th}\,u_2}{1 - \mathrm{th}\,u_1\,\mathrm{th}\,u_2} = \frac{v_1 + v_2}{1 - v_1 v_2 : c^2},$$

wie übrigens schon oben (Nr. 1) festgestellt wurde. Für $c = \infty$ erhält man selbstverständlich wieder die gewöhnliche Vektoraddition.

Die tiefergehende elektrodynamische Begründung der speziellen Relativitätstheorie aus der Invarianz der Maxwell-Lorentzschen Gleichungen und gar die allgemeine Relativitätstheorie nach Einstein und Weyl, die eine vielgewandte physikalische Anschauung mit einem hochentwickelten, aus der Theorie der quadratischen Differentialformen erwachsenen Formalismus verbindet, würde den Rahmen unserer durchweg geometrischen Betrachtungsweise überschreiten.

§ 36. Anhang. (Aufgaben.)

1. Wenn der Peripheriewinkel im Halbkreis konstant ist, muß er ein rechter sein. Es gilt dann die euklidische Geometrie.

2. Es sei $gABh$ ein offenes Rechteck, d. h. g und h Halbstrahlen, die auf AB in A und B senkrecht stehen. Dann soll nach Gergonne (1812) jeder von B aus in das offene Rechteck gezogene Halbstrahl g schneiden. Wäre nämlich h_1 der letzte dieser Halbstrahlen, A_1 sein Schnittpunkt mit g, so kann man doch A_2 auf g so wählen, daß A_1 zwischen A und A_2 liegt und BA_2 wäre dann ein weiterer zwischen h_1 und h gelegener Halbstrahl durch B, der g noch schneidet. — Was ist an diesem „Beweis" falsch, den der sonst rühmlichst bekannte Geometer für das euklidische Parallelenpostulat erdacht hat?

3. Der absolute pythagoräische Lehrsatz I. Errichtet man über den Katheten b und a eines rechtwinkligen Dreiecks ABC die bei C und A_1 bzw. bei C und B_1 rechtwinkligen Rhomben (= Vierecke mit vier gleichen Seiten) CAA_1C_1 und CBB_1C_2 und bezeichnet man mit α_1 die Winkel bei A und C_1 im ersten, mit β_1 die Winkel bei B und C_2 im zweiten Rhombus, so gibt es über der Hypotenuse c einen Rhombus ABA_2B_2 mit den Winkeln α_1 bei A und A_2, β_1 bei B und B_2; sein Inhalt ist gleich der Summe der Inhalte der beiden Kathetenrhomben.

Anleitung zum Beweis: AA_1B_1B und $C_1A_1B_1C_2$ sind zwei symmetrisch kongruente Vierecke. Man drehe dann das erste Viereck solange um A, bis A_1 mit C zur Deckung kommt.

4. Der absolute pythagoräische Lehrsatz II. Wir können in kurzer Fassung so sagen: Die Differenz des c-Rhombus (Winkel $\frac{\pi}{2}$

und γ_1) und des a-Rhombus (Winkel $\frac{\pi}{2}$ und β_1) ist gleich dem b-Rhombus mit den Winkeln γ_1 und $\pi - \beta_1$ (Beweis ähnlich wie bei 3) — (vgl. C. Piel, Archiv d. Math. u. Phys. 3, 22 (1914), S. 199—204).

5. Reguläre Teilung[1]). Die euklidische Ebene läßt sich regulär teilen (d. h. durch eine Art regulärer kongruenter Vielecke (n-Ecke) einfach und lückenlos überdecken) für $n = 3, 4, 6$. Für die Kugel gibt es drei Teilungen in reguläre Dreiecke, eine in reguläre Vierecke, eine in reguläre Fünfecke; die Ecken bilden dann die bekannten fünf platonischen Körper. — Wie lautet das entsprechende Ergebnis für die hyperbolische Ebene? Wenn n die Anzahl der Seiten der Figur bedeutet, m die Anzahl der in einer Ecke zusammenstoßenden regulären n-Ecke, wie groß ist dann die Seite? — In welcher der drei Geometrien ist eine halbreguläre Teilung, bestehend aus regulären Dreiecken und Vierecken möglich, wobei in einer Ecke zwei Dreiecke und zwei Vierecke zusammenstoßen? Wie groß ist die gemeinsame Seite? (Vgl. auch Aufgabe 9.)

6. Wie groß ist die Seite des regulären Dreiecks der hyperbolischen Geometrie und der einbeschriebenen Kreise, wenn die drei anbeschriebenen Kreise Grenzkreise sind?

7. Die Quadratur des Kreises in der hyperbolischen Geometrie. Der Inhalt des Kreises vom Radius r ist

$$\pi \operatorname{tg}^2 \varphi,$$

wobei

$$\operatorname{tg}\varphi = 2 \cot \Pi\left(\frac{r}{2}\right).$$

Dies soll nachgewiesen und für $\varphi = \pi : 4$ der Radius r und die Seite des regulären Vierecks vom Inhalt π, also mit dem Winkel $\pi : 4$ konstruiert werden. Damit ist dann die Quadratur dieses Kreises geleistet (J. Bolyai, Appendix § 43, Bolyai-Stäckel II, S. 215).

8. Im Fünfeck der hyperbolischen Geometrie ist, wenn die Innenwinkel sämtlich rechte sind, der hyperbolische Kosinus jeder Seite gleich dem Produkt der hyperbolischen Kotangenten der anliegenden Seiten und dem Produkt der hyperbolischen Sinus der gegenüberliegenden Seiten (Sommerville).

9. Der Inhalt der Kugel vom Radius r im sphärischen Raum ist

$$V = \pi(2r - \sin 2r).$$

Diese Formel ist zu beweisen und zu zeigen, daß sie in erster Annäherung den euklidischen Wert

$$V = 4\pi \frac{r^3}{3}$$

[1]) Bei den Aufgaben 5—9 wird die hyperbolische (sphärische) Streckeneinheit immer gleich Eins gesetzt.

ergibt. Wie lautet die entsprechende Formel der hyperbolischen Geometrie?

10. Es gibt fünf Arten regulärer Teilung des sphärischen Raumes, zwei durch Tetraeder (in einer Kante 4 oder 5 zusammenstoßend, in einer Ecke 8 oder 20), eine durch Würfel (3 um jede Kante, 4 um jede Ecke), eine durch Oktaeder (4 um jede Kante, 8 um jede Ecke) und eine durch Dodekaeder (3 um jede Kante, 4 um jede Ecke). — In allen diesen Fällen kann man auch die Kantenlängen leicht berechnen und die Anzahl der „Zellen" angeben, in die der S_3 zerlegt wird (16, 600, 8, 24, 120). — Im elliptischen Raum erhielte man jedesmal die halbe Zellenanzahl. Warum?

11. In der hyperbolischen Maßbestimmung (Mercatorbild der Pseudosphäre § 24, Nr. 2, Gl. 17) ist angesetzt

$$ds = \frac{\sqrt{dx^2 + dy^2}}{y}.$$

Man weise nach, daß zu diesem Bogenelement das konstante Krümmungsmaß -1 gehört und daß die geodätischen Linien durch Kreise dargestellt werden, die die x-Achse senkrecht schneiden. (Die Formeln für das Krümmungsmaß und die Differentialgleichung der geodätischen Linien sind aus Kommerell, Flächentheorie S. XLIV zu entnehmen.)

12. Bei Verwendung der projektiven Maßbestimmung in bezug auf einen Fundamentalkegelschnitt (Fk.) bedeutet (vgl. § 22 und 23) Senkrechtschneiden zweier Geraden, daß jede den Pol der andern in Bezug auf den Fk. enthält, daß sie also, wie man auch sagt, konjugierte Polaren des Fk. sind. — Mit Rücksicht hierauf soll der Satz (§ 9, 3), daß die Höhen des Dreiecks durch einen Punkt gehen, projektiv bewiesen werden.

13. Ebenso soll die hyperbolische Parallelenkonstruktion (§ 10, 2) bewiesen werden, also in projektiver Fassung der folgende Satz: Im Innern des Fk. (Fundamentalkegelschnittes) sei ein Viereck F_1CPF gegeben, dabei seien F_1C und CP, CP und PF, PF und FF_1 jeweils konjugierte Polaren. Man verlängert dann die Strecke FF_1 bis zum Schnittpunkt E mit dem Fk. und verbindet E mit P, A sei der Schnittpunkt von PE und CF_1. Dann verlängert man EF bis zum Schnittpunkt G, EP bis zum Schnittpunkt H mit dem Fk. Nachzuweisen ist, daß das Doppelverhältnis der vier Punkte $HPAE$ gleich dem der vier Punkte GFF_1E ist oder, was nach den Sätzen der projektiven Geometrie hier auf dasselbe hinauskommt, daß die drei Geraden F_1C, FP und GH durch einen Punkt gehen. (M. Großmann, Projektive Konstruktionen in der nichteuklidischen Geometrie. Math. Ann. 68 (1910), S. 141—144.)

14. Der Ort des Punktes P, für den das Verhältnis der trigonometrischen (hyperbolischen) Sinus der Abstände von zwei gegebenen Punkten

konstant ist, ist in der sphärisch-elliptischen (hyperbolischen) Geometrie ein Kegelschnitt.

15. Was für Kurven entsprechen den Kegelschnitten der hyperbolischen Ebene bei der Abbildung nach § 24, Nr. 2 auf die euklidische Ebene?

16. Der Satz des Ceva: „Drei Transversalen AD, BE, CF eines Dreiecks gehen dann und nur dann durch einen Punkt, wenn $AF \cdot BD \cdot CE = FB \cdot DE \cdot EA$ ist", erleidet in der elliptisch-sphärischen (hyperbolischen) Geometrie die Abänderung, daß an Stelle der Seitenabschnitte ihre trigonometrischen (hyperbolischen) Sinus treten.

Am einfachsten ist der Beweis durch Statik zu führen; man läßt längs jeder Seite in den Ecken zwei entgegengesetzt gleiche Kräfte wirken (K_1 in Richtung BC an B, K_1 auch in Richtung CB an C angreifend usw.). Dann bildet man die Resultanten der Kräfte in den Ecken, diese drei Resultanten müssen durch einen Punkt gehen. Außerdem braucht man nur den Sinussatz § 17, Nr. 2, Gleichung 7'.

17. Verallgemeinerung der Addition der Geschwindigkeiten (§ 35) auf den Raum.

Schlußbemerkung. Seit dem Abschluß des im Vorwort erwähnten Enzyklopädieartikels von Zacharias sind noch erschienen:

F. Lindemann, Zur Trigonometrie im nichteuklidischen Raume (München. Ber. 1922, S. 101—106).

M. Zacharias, Asymptoten und Kegelschnitte in der nichteuklidischen Geometrie (Sitz.-Ber. der Berliner Math. Ges. 21 (1922), S. 65—69).

Die neueren Beiträge von Varičak zur Dynamik konnt leider in Kapitel VI nicht mehr verwendet werden.

Sachregister.

(Abkürzungen: e. = elliptisch, h. = hyperbolisch, s. = sphärisch.)

FSC
www.fsc.org
MIX
Papier | Fördert gute Waldnutzung
FSC® C083411

Zeitfracht Medien GmbH
Ferdinand-Jühlke-Straße 7
99095 Erfurt, Deutschland
produktsicherheit@kolibri360.de